DENGLIZITI HUOHUASHUI
ZAI SHIPIN SHAJUN BAOXIAN ZHONG DE YINGYONG

等离子体活化水
在食品杀菌保鲜中的应用

◎相启森 著

中国纺织出版社有限公司

内 容 提 要

本书较为全面地总结了等离子体活化水在食品杀菌保鲜中的应用研究进展。首先介绍了等离子体活化水的制备方法及理化特性,并总结了等离子体活化水杀灭微生物的作用机制、蛋白质等食品组分对其杀菌效果的影响及可能作用机制;然后论述了等离子体活化水与温热、尼泊金丙酯等协同处理对微生物的杀灭作用及可能作用机制,介绍了等离子体活化水诱导微生物亚致死损伤规律及进一步控制措施;最后,介绍了等离子体活化水在绿豆芽生产及生鲜果蔬保鲜领域的应用。

本书可作为食品、生物等相关专业科研人员的参考用书,也可供高等院校相关专业师生参考。

图书在版编目(CIP)数据

等离子体活化水在食品杀菌保鲜中的应用／相启森著. --北京:中国纺织出版社有限公司,2022.1(2022.9重印)
ISBN 978-7-5180-9159-1

Ⅰ.①等… Ⅱ.①相… Ⅲ.①食品灭菌 Ⅳ.①TS205

中国版本图书馆 CIP 数据核字(2021)第 231604 号

责任编辑:郑丹妮 国 帅　　　　责任校对:江思飞
责任印制:王艳丽

中国纺织出版社有限公司出版发行
地址:北京市朝阳区百子湾东里 A407 号楼　邮政编码:100124
销售电话:010— 67004422　传真:010— 87155801
http://www.c-textilep.com
中国纺织出版社天猫旗舰店
官方微博 http://weibo.com/2119887771
北京虎彩文化传播有限公司印刷　各地新华书店经销
2022 年 1 月第 1 版　2022 年 9 月第 3 次印刷
开本:710×1000　1/16　印张:10.5
字数:165 千字　定价:88.00 元

前　言

微生物污染发生在食品生产、加工、运输和储藏等各个阶段,不仅影响食品的营养和感官品质,降低食品的卫生质量,而且极易引起急性或慢性食物中毒,严重危害人体健康并造成巨大经济损失。因此,食品杀菌是确保食品安全的一个重要步骤。传统热杀菌技术在有效杀灭食品中腐败微生物和食源性病原菌的同时,也对食品热敏性营养成分和感官品质造成不良影响,甚至会产生呋喃、丙烯酰胺和杂环胺化合物等有害物质,严重影响消费者健康。非热杀菌技术是一种新兴的食品加工技术,具有杀菌温度低、加工能耗少、对食品品质破坏小等优点,是当前食品加工领域的研究热点。

等离子体活化水(plasma-activated water,PAW)是通过低温等离子体在水表面或水下放电而得到的活性液体,具有温度低、作用均匀、制备过程简单、活性物质丰富等优点,在食品杀菌保鲜领域具有广泛的应用前景,但是目前在食品工业中的应用研究仍然相对较少。因此本书以课题组近 5 年来关于等离子体活化水的研究成果为基础,同时参阅国内外最新研究报道,详细介绍了等离子体活化水的理化性质、对微生物杀灭效果及作用机制和在食品保鲜领域的应用。本书由郑州轻工业大学相启森副教授统稿,全书共分为 5 章。第 1 章介绍了等离子体活化水的基本概念、制备方法、理化特性和对微生物的杀灭效果等,并综述了其在食品工业领域的应用研究现状;第 2 章介绍了等离子体活化水杀灭微生物的作用机制、蛋白质等食品组分对其杀菌效果的影响及可能作用机制;第 3 章介绍了等离子体活化水与温热、尼泊金丙酯等协同处理对大肠杆菌 O157∶H7 和酿酒酵母的杀灭效果,探讨了其可能协同杀菌机制;第 4 章介绍了等离子体活化水诱导微生物亚致死损伤规律、亚致死态微生物特点及进一步控制措施;第 5 章介绍了等离子体活化水在绿豆芽生产及生鲜果蔬保鲜领域的应用,为等离子体活化水的实际应用提供了技术支撑。

本书可供从事食品和农产品贮藏保鲜的科研院所和加工企业相关技术人员使用。本书在编写过程中参考和引用了大量的国内外相关著作、论文和研究报告,在书中尽量标注了资料的出处,如有未列出的资料和文献,敬请作者见谅,在此谨向所有相关文献的作者致以诚挚的感谢！感谢国家自然科学基金—河南省联合基金（U1704113）、中国博士后科学基金面上项目（2018M632765）、河南省自然科学基金优秀青年基金项目（212300410090）等项目的资助！本书所涉及内容和学科领域较为广泛。因时间仓促和作者学识水平所限，书中疏漏甚至错误之处在所难免，欢迎同行专家和广大读者批评指正。

编者

2021 年 9 月

目　录

1 等离子体活化水概述

微生物污染是影响我国食品安全的最主要因素,不仅降低食品的营养和感官品质,而且容易引发食源性疾病,严重威胁消费者身体健康甚至导致死亡。因此,杀菌是食品加工过程中非常重要的一个环节,对于保障食品安全具有重要意义。目前多采用热杀菌技术,虽然具有良好的杀菌效果,但容易对食品营养和感官品质造成不良影响,甚至产生呋喃、5-羟甲基糠醛等有毒物质。随着消费者对食品品质和安全要求的不断提高,超高压、脉冲电场、冷等离子体等非热加工技术在食品工业领域的应用受到广泛关注。

1.1 等离子体技术概述

1.1.1 食品热杀菌技术研究进展

(1)微生物污染是影响食品安全的重要因素

近年来频发的食品安全事件引起了消费者对食品安全问题的广泛关注。由微生物污染引发的食物中毒是影响食品安全的重要因素之一,直接关系着人民群众的健康和生命安全。由食源性致病菌导致的食源性疾病是食品安全领域面临的严重问题。全世界每年患食源性疾病的患者中,70%是由致病性微生物所引起的。据统计,2017年全国共报告食物中毒事件348起,累计报告病例7389例,死亡140例。其中细菌性食物中毒事件数有110起,占食物中毒事件总数的31.61%;细菌性食物中毒人数为4256例,占食物中毒总人数的57.60%。引发细菌性食物中毒的微生物主要包括沙门氏菌(*Salmonella* spp.)、副溶血性弧菌(*Vibrio parahemolyticus*)、金黄色葡萄球菌(*Staphylococcus aureus*)和蜡样芽孢杆菌(*Bacillus cereus*)等。在2009~2015年间美国疾病控制和预防中心共报道了5760起由微生物污染引发的食物中毒事件,共导致100939人患病、5699人住院和145人死亡。此外,污染食品的常见微生物还包括大肠杆菌O157:H7(*Escherichia coli* O157:H7)、单增李斯特菌(*Listeria monocytogenes*)、空肠弯曲杆菌

（*Campylobacter jejuni*）、小肠结肠炎耶尔森氏菌（*Yersinia enterocolitica*）、阪崎肠杆菌（*Enterobacter sakazakii*）等食源性致病菌和假单胞菌（*Pseudomonas* spp.）、热死环丝菌（*Brochothrix thermosphacta*）、腐败希瓦氏菌（*Shewanella putrefaciens*）、扩展青霉（*Penicillium expansum*）、乳酸菌（*Lactobacillus*）等致腐微生物。这些微生物能够在食品中长期存活并大量繁殖，对食品安全造成严重威胁。因此，有必要开发高效可靠的食品杀菌保鲜技术以保障食品的质量和安全。

（2）热杀菌技术研究进展

目前，热杀菌技术以其高效安全的特点一直是食品生产加工过程中最常用的杀菌保鲜方法，主要是依靠燃烧燃料或电阻加热在食品外部提供热能，通过传导和对流将热能转移到食品内部，从而达到杀菌和钝化酶的目的。传统热杀菌方法主要包括巴氏杀菌、超高温瞬时杀菌、微波杀菌、欧姆杀菌等，具有杀菌效果好、适用范围广等优点。上述传统热杀菌技术能够有效杀灭存在于食品中的各类有害微生物，从而达到延长食品贮藏期、改善食品品质和保证食品安全等目的。然而，传统热杀菌技术会对食品热敏性营养成分、色泽、质构、风味等均造成不同程度的破坏或损失。此外，食品在热加工过程中通常伴随着美拉德反应的发生，进而产生呋喃、5-羟甲基糠醛、丙烯酰胺等有害化学物质。另外，次氯酸钠、次氯酸钙、氯胺等化学杀菌剂虽然具有较好的应用效果，但容易引发残留问题并产生有害副产物，其潜在健康危害受到广泛关注，制约了其在食品领域的广泛应用。

1.1.2 食品非热杀菌技术研究进展

近年来，随着消费者对食品营养品质需求的不断提高和对食品安全问题的日益关注，食品非热加工技术因其良好的杀菌效果及对食品香味、色泽和营养成分等的有效保持而受到广泛关注，成为近些年来食品加工技术和食品安全领域的研究热点。非热杀菌是采用除直接加热之外的物理、化学、生物方法对食品微生物进行控制和杀灭的一系列方法的总称。目前应用较为广泛的食品非热杀菌技术主要包括超高压技术、脉冲电场、超声波、高压二氧化碳、紫外线、辐照、脉冲强光等。

（1）超高压技术

超高压技术（high hydrostatic pressure，HHP）是指在室温或温和加热条件下利用100~1000 MPa的压力处理食品，以达到杀菌、钝酶和延长食品货架期等目的，其处理过程包括升压、保压和卸压。HHP具有作用效果均一、迅速、低能耗、高效、安全等特点,是食品非热加工技术领域的研究热点之一。目前,HHP 主要用于各类食品杀菌保鲜、食品内源酶失活、食品组分(蛋白质、淀粉等)改性、食品活性成分(蛋白质、多酚、多糖、色素等)提取、食品辅助冷冻解冻、水产品脱壳等方面。HHP 处理会导致微生物形态结构发生变化、蛋白质变性等,使微生物体内的营养成分泄漏,从而改变微生物正常生理代谢活动,造成微生物死亡。2001年,美国食品药品监督管理局(Food and Drug Administration,FDA)批准 HHP 技术可应用于果蔬汁加工。相对于传统热加工技术,适当的 HHP 处理在有效杀灭微生物的同时不会对食品的热敏性营养成分、色泽和风味等造成不良影响,此外,HHP 处理食品不会造成化学试剂的残留。目前,HHP 技术已在果蔬制品、肉制品、水产品加工等领域实现了商业应用。但目前超高压设备价格普遍较高,制约了其产业化推广应用。

(2)脉冲电场

脉冲电场(pulsed electric field,PEF)技术是近几年兴起的食品非热加工技术之一,具有加工温度低、处理时间短、能耗低等优点,并能有效保持食品原有营养成分和感官品质。目前,PEF 主要用于果蔬汁等液态食品杀菌、食品内源酶失活、食品功能性成分辅助提取、提高果蔬出汁率、酒类催陈、农药残留降解等方面。研究证实,PEF 对液态食品(如苹果汁、橙汁、番茄汁、蛋液、牛奶等)中的细菌、霉菌、酵母等均具有良好的杀灭效果。经 PEF 处理后,微生物的细胞膜发生电崩解和不可逆电穿孔,导致细胞膜破裂,细胞内容物发生泄漏,最终造成微生物死亡。此外,PEF 也可能通过破坏微生物细胞内相关酶的活性、DNA 和蛋白质结构等而影响其正常生理代谢活动,导致微生物发生损伤或死亡。研究发现,PEF 对食品的处理效果与场强、脉冲数、波形和脉冲时间等因素有关。

(3)超声波

超声波是指频率为 20 kHz 以上的声波,是在介质中传播的有弹性的机械震荡波,常用的频率范围为 20 kHz~10 MHz。超声波将声能通过换能器转化为机械能,在与介质相互作用过程中产生热效应、机械效应和空化效应等一系列物理生化效应。目前,超声波主要用于杀菌、干燥、解冻、食品组分改性、活性成分提取制备、食品污染物降解、内源酶失活、果汁脱气等方面。作为一种有效的辅助杀菌技术,超声波处理能够较好地保持食品的营养成分和感官品质,已成功用于多种液态食品的杀菌保鲜。同时,超声波与热、压力、臭氧、脉冲电场、紫外线、抗菌剂等联合使用,能显著提高对微生物的杀灭效果,更好地保持食品营养、感官品质并降低能耗。

（4）高压二氧化碳

高压二氧化碳（high pressure carbon dioxide，HPCD）也称为高密度二氧化碳（dense phase carbon dioxide，DPCD），是一项非常有前景的食品非热加工技术。该技术的基本原理是将食品置于间歇式、半连续式或连续式的处理设备中，通过在加压 CO_2 或者超临界 CO_2（温度<60℃，压强<50 MPa）下进行处理，形成高压、高酸和厌氧环境，从而发挥杀灭微生物和钝化酶等作用，进而实现食品长期保藏。HPCD 技术具有加工条件温和、过程中无氧、能更好保留食品的热敏性成分和感官品质等诸多优点，目前已被广泛应用于果汁、啤酒、牛奶等液态食品和果蔬制品、水产品、肉及肉制品等的杀菌保鲜。例如，经压力为 3、3.5 和 4 MPa 的高压二氧化碳处理 5 min 后，鲜切青菜表面菌落总数分别下降了 0.2、0.6 和 1.8 个对数；经压力为 4 MPa 的高压二氧化碳处理 5 min 后，鲜切青菜表面霉菌和酵母菌数量下降了 1.1 个对数。此外，HPCD 处理后青菜的过氧化物酶（peroxidase，POD）活性下降，在贮藏过程中，青菜能够较好地保持其色泽参数。国内外学者对高压二氧化碳杀灭微生物的作用机制进行了大量研究，目前普遍认为其杀菌作用主要与 CO_2 渗入细胞并降低胞内 pH、抑制胞内的新陈代谢、造成细胞膜损伤和胞内物质泄漏等有关。

1.1.3　冷等离子体技术概述

冷等离子体是一种新型食品非热加工技术，具有高效、无污染等优点，其在食品、农业和环保等领域的应用受到广泛关注。

（1）等离子体

等离子体（plasma）是一种宏观呈电中性的电离气体，由电子、正负离子、自由基、基态或激发态分子和电磁辐射量子（光子）等组成。等离子体概念最初由美国物理学家欧文·朗缪尔（Irving Langmuir）于 1928 年提出，并将其描述为"一种含有平衡的离子和电子电荷的区域"。等离子体的英文是 plasma，来源于古希腊语 πλασμα，意思是"可塑性的物质或浆状物质"，其本意是指血浆或原生质。常规意义上的等离子体是具有一定电离度的电离气体。当气体温度升高到其粒子的热运动动能接近气体的电离能时，粒子之间通过碰撞就可以发生大量的电离过程，于是气体变成了等离子体。等离子体被认为继固态、液态和气态后，物质的第四种存在形式，宇宙中 99% 以上的物质是以等离子体状态存在的，如自然环境中存在的极光、闪电、荧光灯、霓虹灯等均属于等离子体。

（2）等离子体的分类

根据产生方法、温度、热力学平衡状态等，等离子体可分为不同类型。按其存在方式的不同，等离子体可以分为天然等离子体（如星云、闪电、极光、电离层等）和人工等离子体（如日光灯和霓虹灯中的等离子体、微波放电产生的等离子体等）；按电离度（α）的不同，等离子体可分为完全电离等离子体（$\alpha=1$）、强电离等离子体（$1>\alpha>0.01$）以及弱电离等离子体（$10^{-6}<\alpha<0.01$）；按粒子密度的不同，等离子体可以分为稀薄等离子体（粒子密度 $n<10^{12\sim14}/cm^3$）和致密等离子体（粒子密度 $n>10^{15\sim18}/cm^3$）；根据离子和电子的热力学平衡状态，等离子体可分为两种类型：高温等离子体和低温等离子体（图1-1）。高温等离子体也称为热力学平衡等离子体，其含有的离子、电子和中性粒子等各组分均处于热力学平衡状态，其温度高达 $10^6\sim10^8$ K。低温等离子体可进一步细分为热等离子体（局部热力学平衡等离子体）和冷等离子体（非热力学平衡等离子体）。在热等离子体中，电子、离子和气体分子的温度相近（$T_e\approx T_i\approx T_g$）。而在冷等离子体中，电子的温度（$T_e$）约为 10^4 K，远高于离子和气体分子的温度（后两者温度接近室温），使得整个体系在保持低温的同时具有很高反应活性，因此冷等离子体技术在食品加工、材料改性、环境保护、生物医学等领域应用广泛。

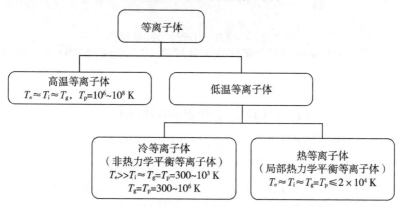

图1-1　等离子体的分类
T_e 为电子温度；T_i 为离子温度；T_g 为气体分子温度；T_p 为等离子体温度

（3）冷等离子体的产生方法

大气压气体放电是产生冷等离子体的常用方法，其气体放电类型主要包括电晕放电（corona discharge，CD）、介质阻挡放电（dielectric barrier discharge，DBD）、大气压辉光放电（atmospheric pressure glow discharge，APGD）、大气压等离子体射流（atmospheric－pressure plasma jet，APPJ）、电晕放电等离子体射流（corona discharge plasma jet，CDPJ）、薄层介质阻挡放电（flexible thin－layer dielectric barrier discharge，FTDBD）、微波放电（microwave discharge，MD）和滑动弧放电（gliding arc discharge，GAD）等（图1-2）。

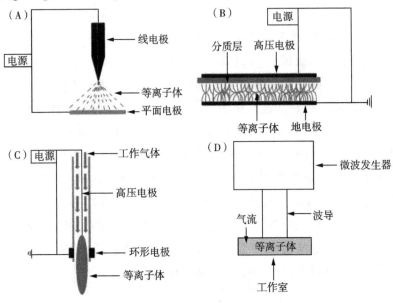

图1-2 冷等离子体产生方式示意图
(A)电晕放电；(B)介质阻挡放电；(C)等离子体射流；(D)微波放电

1.1.4 冷等离子体在食品工业领域的应用

由于具有能够在常压下产生、气体温度低(接近或略高于室温)、活性组分含量高、操作简单、处理成本低、作用时间短、绿色且无化学残留等优点,冷等离子体在食品加工、农业生产、医药卫生、环境保护、生物医学、材料改性、纳米合成等诸多领域均展现出广阔的应用前景。冷等离子体在食品工业领域的应用主要包括食品杀菌保鲜、食品内源酶失活、食品组分改性、农药残留降解和真菌毒素降解等方面。

(1)食品杀菌保鲜

研究证实,冷等离子体对生鲜果蔬、禽蛋、肉制品、谷物、乳制品、水产品等在加工和储存过程中污染的细菌、真菌和病毒均具有良好的杀灭效果。与传统的热杀菌技术相比,冷等离子体技术能够极大地减少食品杀菌过程中营养物质的损耗,改善产品的色泽和风味,有效地解决热敏性食品的杀菌难题。现有研究认为,冷等离子体对微生物的杀灭作用主要与其含有的羟基自由基、过氧化氢、臭氧、带电粒子、紫外线等活性物质密切有关。上述物质可能通过破坏微生物的细胞膜,影响蛋白质、脂类、DNA 等生物功能分子的结构及生理功能,扰乱细胞正常代谢等途径而导致微生物死亡。

(2)食品内源酶失活

内源酶是影响食品质量的重要因素之一,其在食品加工贮藏过程中引发的生物化学反应直接影响食品的营养、质构及感官性质。例如,多酚氧化酶(polyphenol oxidase,PPO)和过氧化物酶是导致生鲜食品发生酶促褐变的主要原因。鲜切果蔬等在贮藏、加工过程中极易发生褐变,不仅会对产品色泽造成不良影响,还会改变食品中的营养成分,会引起风味变化并破坏食品的质地。研究发现,冷等离子体处理能够有效失活存在于果蔬汁、鲜切果蔬、谷物等的内源酶,如多酚氧化酶、过氧化物酶、果胶甲酯酶、脂肪氧合酶等,并能够有效保持食品的营养价值和感官品质。冷等离子体失活食品内源酶主要与其含有的带电粒子、自由基等活性物质修饰氨基酸残基、造成肽键断裂、影响酶的空间构象、破坏酶与底物结合的活性位点或酶的辅基等有关。

(3)食品组分改性

冷等离子体技术也被广泛应用于淀粉、多糖、蛋白质等食品组分的改性修饰并能够显著改善面粉等食品原料的加工特性。研究证实,经 DBD 等离子处理 5 min 或 10 min 后,玉米淀粉的平均分子量由 $19.34×10^6$ g/mol 分别降低至 $1.714×10^6$ g/mol 和 $0.983×10^6$ g/mol。此外,玉米淀粉结晶度降低,其溶液的流变学性质由假塑性流体转变为非牛顿流体。经冷等离子体处理 60 min 后,乳清分离蛋白的分散指数和平均粒径均显著升高,起泡性和乳化性得到显著改善,羰基含量和表面疏水指数显著升高,而游离巯基含量则显著下降。但冷等离子体作用机理尚未完全阐明,是以后研究的主要内容之一。

(4)农药残留和真菌毒素降解

农药残留是指使用农药后残留于农产品、食品及环境中的微量农药及其有毒代谢物和杂质。农药残留会对食用者身体健康造成危害,严重时会造成身体不适、呕吐、腹泻、诱发一些慢性疾病甚至导致死亡。真菌毒素(mycotoxins)是真菌及其所污染的粮食、果蔬等食品中产生的有毒次级代谢产物,可通过食品进入人体内,严重威胁人们的身体健康和生命安全。常见的真菌毒素主要包括黄曲霉毒素(aflatoxin)、伏马菌素(fumonisin)、玉米赤霉烯酮(zearalenone,ZEN)、赭曲霉毒素 A(ochratoxin A,OTA)脱氧雪腐镰刀菌烯醇(也称为呕吐毒素,deoxynivalenol,DON)

等。冷等离子体在有效杀灭食品有害微生物的同时,也能够降解食品中的农药残留、真菌毒素等有毒化学物质,降低食品的二次污染。据报道,经 DBD 等离子体处理 300 s 后,草莓中嘧菌酯(azoxystrobin)、嘧菌环胺(cyprodinil)、氟咯菌腈(fludioxonil)和吡丙醚(pyriproxyfen)的含量分别降低了 69%、45%、71% 和 46%。除吡丙醚以外,其余 3 种农药经 DBD 等离子体处理后的残留量均低于美国和欧盟制定的最大残留限量标准。此外,冷等离子体也能够有效降解油脂、果蔬、谷物等中的真菌毒素。研究证实,在 He 条件下,经 DBD 等离子体处理 20 min 后,玉米籽粒表面伏马菌素 B_1、ZEN 和 OTA 几乎完全降解,恩镰孢菌素 B 降低了约 90%;经 DBD 等离子体处理 40 min 后,玉米籽粒表面黄曲霉毒素 B_1 含量降低了约 90%;经 DBD 等离子体处理 60 min 后,玉米籽粒中 DON 含量降低了 50%。

1.1.5 结论与展望

作为一种新型非热加工技术,冷等离子体具有快速、安全、简便、无残留等诸多优点,在食品加工和安全控制领域具有广阔的应用前景。然而,冷等离子体中的活性组分极为复杂,其发挥杀菌、钝酶等作用的机制尚未得到完全阐明,还有待进一步研究。目前冷等离子体技术多局限于基础研究阶段,尚未实现大规模产业化应用。因此,应加强冷等离子体食品加工关键技术开发与装备的研发工作,以推动冷等离子体技术在食品工业领域的商业化应用。此外,每种食品都拥有独特的营养组成和理化性质,未来的研究工作也应聚焦于冷等离子体技术对不同食品的加工适用性,特别是其对不同食品营养组分和感官品质的影响。

1.2 等离子体活化水制备方法与理化特性

冷等离子体技术在食品工业杀菌保鲜领域具有广泛的应用,但由于食品原料形状的不规则性,现有的冷等离子体技术在处理均匀性等方面还未达到理想的效果。因此,国内外最新研究已将水作为冷等离子体的中间介质来对食品进行处理。经等离子体处理的无菌水或蒸馏水等被称为等离子体活化水(plasma-activated water,PAW),也被证实具有良好的杀菌功效。由于溶液具有良好的均匀性和流动性,PAW 在食品工业生产和安全控制领域中的应用受到了广泛关注。

1.2.1 等离子体活化水制备方法

目前主要通过等离子体装置在水表面或水下放电而制备 PAW。理论上讲,能够产生大气压低温等离子体的方法均可用于 PAW 的制备。考虑到制备量和安全性,在实际研究中使用较多的设备主要有介质阻挡放电(DBD)、表面介质阻挡放电(surface dielectric barrier discharge, SDBD)、大气压等离子体射流(atmospheric pressure plasma jet, APPJ)等,其装置示意图见图 1-3。DBD 装置由两个隔开的平行电极组成,绝缘介质插入正负电极之间或覆盖于电极表面,当两个电极上施加了足够高的交流电压时,可在大气压条件下形成大面积均匀稳定的等离子体,所产生等离子体活性组分经扩散进入蒸馏水中而得到 PAW[图 1-3(A)]。与 DBD 装置类似,SDBD 装置也由隔开电极组成,中间铺有介质层,其主要特点为可以连接多组电极[图 1-3(B)]。APPJ 装置是由金属接地电极和金属射频(RF)电极构成。在高电压作用下,气体在金属接地电极和金属射频(RF)电极之间的缝隙中被电离。在气体压力的推动作用下,电离所产生的等离子体由喷口向外喷出并与蒸馏水发生反应而得到 PAW[图 1-3(C)]。

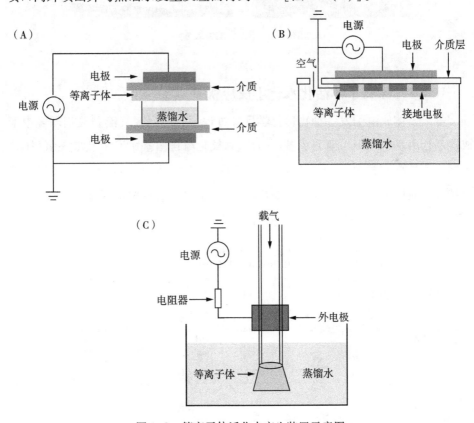

图 1-3   等离子体活化水产生装置示意图

(A)介质阻挡放电(DBD)装置;(B)表面介质阻挡放电(SDBD)装置;(C)大气压等离子体射流(APPJ)装置

国内外研究人员开发了一系列 PAW 发生装置,以满足其实际应用的需求。图 1-4(A)为德国莱比锡等离子体科学技术研究所(Leibniz Institute for Plasma Science and Technology)开发的 PAW 发生装置,其产量可达到 1 L/min。图 1-4(B)是美国 Advanced Plasma Solutions 公司研发的 PAW 处理装置,该装置以水和空气作为原料,消耗很小的电能就可以产生 pH 值可调的 PAW。该设备产生的 PAW 具有提高作物产量、抗菌抑菌、控制昆虫和螨虫等作用。

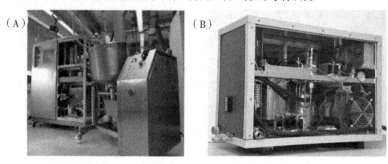

图 1-4　PAW 发生装置

1.2.2　等离子体活化水化学反应机制

等离子体放电引发各种物理化学反应过程,并在气相、气液和液相环境中形成羟基自由基(·OH)、氢自由基(·H)、一氧化氮自由基(NO·)、单态氧($^1O_2$)等初级活性物质和 O_3、H_2O_2、HNO_3、NO、NO_2 等次级活性物质,上述活性物质能够扩散到液体中并发生一系列复杂化学反应,生成过氧亚硝基阴离子($ONOO^-$)、NO_2^-、NO_3^- 等次级活性化学物质(见图 1-5)。

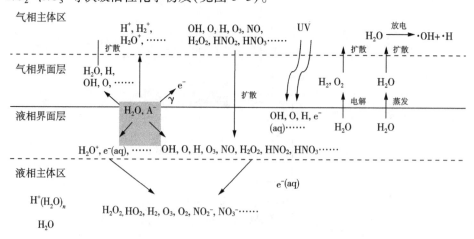

图 1-5　气体等离子体与水溶液相互作用中产生的活性物质和机制

PAW 制备过程中发生了一些化学反应(表1-1),进而影响了其理化性质。

表1-1 PAW 制备过程中发生的主要化学反应

序号	化学反应
1	$N_2+e^-\rightarrow 2N+e^-$(6.17 eV)
2	$O_2+e^-\rightarrow 2O+e^-$(3.6 eV)
3	$N+O\rightarrow NO$(1.02×10^{-32}/s)
4	$NO+O\rightarrow NO_2$(1.00×10^{-31}/s)
5	$O+O_2\rightarrow O_3$(5.00×10^{-12}/s)
6	$NO+O_3\rightarrow NO_2+O_2$($4.30\times10^{-12}$/s)
7	$O+H_2O\rightarrow 2OH$
8	$O+H_2O\rightarrow H_2O_2$
9	$H_2O+e^-\rightarrow H_2O^++2e^-$($3.04\times10^{-20}$/s)
10	$H_2O^++H_2O\rightarrow OH+H_3O^+$
11	$N_2+e^-\rightarrow N_2O^++2e^-$
12	$N_2^++H_2O\rightarrow NO+H$
13	$\cdot OH+\cdot OH\rightarrow H_2O_2$($1.7\times10^{-11}$/s)
14	$NO_2+NO_2+H_2O\rightarrow NO_2^-+NO_3^-+2H^+$($1.50\times10^2$/s)
15	$NO+NO_2+H_2O\rightarrow 2NO_2^-+2H^+$($2.00\times10^2$/s)
16	$NO_2^-+H^+\rightarrow HNO_2$($1.20\times10^6$/s)
17	$HNO_2+H^+\rightarrow NO^++H_2O$($3.52\times10^{-14}$/s)
18	$HNO_2+HNO_2\rightarrow NO\cdot+NO_2\cdot+H_2O$($1.34\times10^1$/s)
19	$NO_2^-+H_2O_2+H^+\rightarrow O=NOOH+H_2O$($1.10\times10^{-3}$/s)
20	$HNO_2+H_2O_2\rightarrow O=NOO^-+H_2O$
21	$O_2\cdot^-+NO\cdot\rightarrow O=NOO^-$($3.20\times10^6$/s)
22	$\cdot OH+NO_2\cdot\rightarrow O=NOO^-+H_2O$($5.30\times10^6$/s)
23	$NO\cdot+HO_2\cdot\rightarrow O=NOOH$($5.33\times10^{-12}$/s)
24	$O=NOOH\rightarrow NO_3^-+H^+$
25	$O=NOOH\rightarrow\cdot OH+NO_2\cdot$
26	$O=NOO^-\rightarrow O_2\cdot^-+NO\cdot$
27	$\cdot OH+O=NOO^-\rightarrow OH^-+O_2+NO\cdot$
28	$NO_2^-+O_3\rightarrow NO_3^-+O_2$($3.30\times10^2$/s)
29	$H_2O_2+O_3\rightarrow\cdot OH+HO_2\cdot+O_2$($6.50\times10^{-3}$/s)

1.2.3　等离子体活化水理化特性

放电气体的击穿强度、密度和导电性较低等因素的影响,液体表面上的放电等离子体与液体中直接产生的放电等离子体的性质存在显著差异。等离子体放电过程中会产生大量的活性物质,主要为活性氧类物质(reactive oxygen species,ROS)和活性氮类物质(reactive nitrogen species,RNS),如 H_2O_2、臭氧、羟基自由基、超氧阴离子、$ONOO^-$、NO_2^-、NO_3^- 等,并且活性物质的种类和浓度均与用于制备 PAW 的气体组成和液体性质等因素有关。此外,活性物质的生成显著影响 PAW 的 pH 值、氧化还原电位和电导率等指标。

(1)活性氧

等离子体放电引发各种物理化学反应过程,并在气相、气液和液相环境中形成初级活性物质,如氢自由基($\cdot H$)、羟基自由基($\cdot OH$)、一氧化氮自由基($NO\cdot$)、单态氧($^1O_2$)等和次级活性物质,如 O_3、H_2O_2、HNO_3、NO、NO_2 等,这些活性物质扩散到液体中产生过氧亚硝基阴离子($ONOO^-$)、NO_2^-、NO_3^- 等活性化学物质。羟基自由基($\cdot OH$)等的寿命极短,PAW 中寿命较长的活性物质主要有 H_2O_2、NO_2^- 和 NO_3^- 等,这些物质与 PAW 的抗菌特性密切有关。作为 PAW 中寿命较长一种 ROS,H_2O_2 的半衰期为 8 h~20 d。在酸性介质中,H_2O_2 与超氧阴离子的存在使得 PAW 具有氧化性质。研究证实,随着施加电压的升高和放电持续时间的延长,PAW 中的 H_2O_2 含量也逐渐升高。

(2)活性氮

在等离子体放电过程中,同时形成了活性氮类物质,如 NO_2^- 和 NO_3^- 等。研究发现,使用 Ar/O_2 气体在水面和水中放电,所生成的 NO_2^- 和 NO_3^- 的浓度存在较大差异,在水中放电形成的 NO_2^- 和 NO_3^- 的浓度略高于在水表面上产生的浓度。与 H_2O_2 的变化规律一致,PAW 中 NO_3^- 和 NO_2^- 的浓度随储存时间的延长而降低。

(3)pH

大量研究证实,冷等离子体处理可造成水溶液的酸化。Ercan 等证实,经 DBD 等离子体处理 3 min 后,去离子水的 pH 值由 6.80 降低至 2.00,磷酸盐缓冲液(phosphate buffered saline,PBS)的 pH 值由 6.94 降低至 2.58,而终浓度为 5 mmol/L 的 N-乙酰半胱氨酸溶液(溶解于 PBS)的 pH 值由 6.24 降低至 2.35。等离子体放电过程所产生的 NO、NO_2、NO_x 等能够与溶液发生一系列化学反应,生成硝酸(HNO_3)、亚硝酸(HNO_2)、过氧亚硝酸($ONOOH$)等,从而造成等离子体活化水 pH 值的降低。此外,H_2O_2 能够与水分子反应生成 H_3O^+,也可能造成等离子体活化水 pH 值的降低。PAW 中常见活性组分的 pKa 值如表 1-2 所示。

表 1-2   PAW 中常见活性组分的 pKa 值

名称	化学式	pKa
硝酸	HNO_3	-1.34
过氧亚硝酸	$ONOOH$	6.6
过氧硝酸	O_2NOOH	5.9
亚硝酸	HNO_2	3.4
超氧化氢	HO_2	4.8
过氧化氢	H_2O_2	11.65
羟基	—OH	11.9

PAW 的 pH 受放电方式、放电电压、放电时间、气体类型及流速等因素的影响。研究发现,经 DBD 等离子体处理 1、2 和 3 min 后,去离子水的 pH 值分别由初始的 6.80 降低至 2.61、2.45 和 2.00,而 PBS 的 pH 值分别由初始的 6.94 降低至 2.99、2.84 和 2.58。此外,王学扬等比较了不同放电气体(He、N_2、O_2 和空气)对等离子体活化生理盐水 pH 值的影响。结果发现,经冷等离子体处理 3 min 后,以空气为放电气体所制备等离子体活化生理盐水的 pH 值低于其余三种气体所制备的 PAW。据 Shen 等研究证实,采用无菌去离子水所制备 PAW 在 25、4、-20 和 -80℃ 条件下贮藏 30 d 后,其 pH 值未发生显著变化。Iwata 等也得到类似研究结果,采用去离子水(初始 pH 值为 6.1)所制备 PAW 的 pH 值为 3.1,其在 24℃ 贮藏 1~30 d 过程中保持稳定。

(4)氧化还原电位

氧化还原电位(oxidation reduction potential,ORP)是表征水溶液氧化还原能力的测量指标。经等离子体处理后,PAW 的 ORP 值会显著升高。Xu 等研究发现 PAW 的 ORP 值随等离子体射流处理时间的延长而显著升高。去离子水经 98%Ar 和 2%O_2 等离子体射流分别放电处理 5、10 和 15 min 后,其 ORP 值从 146 mV 分别增加到 314、397 mV 和 467 mV。ORP 的升高主要与放电过程中产生的活性物质有关,如 H_2O_2、O_3、NO_3^-、NO_2^- 和 $ONOOH$ 等。Shen 等研究了贮藏过程中 PAW 理化特性的稳定性,结果表明,在 0~30 d 贮藏过程中,PAW 的 ORP 值随贮藏时间的延长而降低,但贮藏温度(25、4、-20 和 -80℃)对 PAW 的 ORP 值无明显影响。

(5)电导率

电导率反映了溶液传递或传输电流的能力,与溶液中离子的类型、浓度及其温度等因素相关。研究证实,PAW 的电导率随冷等离子体处理时间的延长而显著升高。Xu 等发现,无菌蒸馏水经冷等离子体处理 15 min 后,其电导率由初始的 17 μS/cm 显著升高至 218 μS/cm。Vlad 等比较了不同放电气体对 PAW 电导率的影响。结果表明,蒸馏水经以空气、He 和 Ar 放电等离子体处理后,所得 PAW 的电导率均随着冷等离子体激活时间的延长而显著升高,其中以空气放电等离子体处理所制备 PAW 的电导率最高。PAW 电导率升高主要与放电过程中在气液界面产生的活性离子有关。

(6)温度

经大气压冷等离子体处理后,溶液的温度一般不会显著升高。Ercan 等发现,经 DBD 等离子体处理 3 min 后,去离子水、PBS 和 N-乙酰半胱氨酸溶液(5 mmo/L)的温度均未显著升高,维持在 23~26℃。Tian 等发现,20 mL 无菌去离子水(sterile distilled water, SDW)经等离子体射流在液面上或液面下进行放电处理 20 min 后,其温度分别升高至 31.5℃和 38.1℃。Qian 等研究证实,经等离子体射流处理 100 s 后,乳酸溶液的温度由初始的 20℃升高至 43℃。由此推测,温度不是 PAW 的重要杀菌因子。PAW 温度相对较低,有利于热敏感食品原料的杀菌保鲜。此外,可通过增加冷凝系统等方式避免大气压低温等离子体处理造成的 PAW 温度升高。

(7)金属离子

溶液放电处理通常会造成电极腐蚀,导致电极中的金属离子释放到溶液中。Chen 等研究了高压放电处理后无菌去离子水中铜离子和锌离子浓度的变化。电感耦合等离子体质谱(ICP-MS)检测结果表明,PAW 中铜离子和锌离子浓度均随放电时间的延长而升高。当以空气为载气发电处理 30 min 后,PAW 中铜离子和锌离子浓度分别为 51.7 ppm 和 31.6 ppm,高于去离子水中的铜离子和锌离子浓度。考虑到其本身具有一定的抗菌活性,该作者推测金属离子可能在 PAW 失活微生物过程中发挥了一定的作用。

1.2.4 结论与展望

等离子体活化水具有温度低、制备简单、作用均匀等优点,同时克服了冷等离子体处理效果不均等技术缺陷,其在农业生产、果蔬消毒、生物医疗等领域的应用受到广泛关注。

1.3　等离子体活化水抗微生物活性

1.3.1　等离子体活化水对细菌的失活作用

（1）浮游细菌

研究表明，PAW 可有效灭活各种食品腐败细菌（如假单胞菌、腐败希瓦氏菌等）和致病性细菌（如大肠杆菌 O157：H7、金黄色葡萄球菌、大肠杆菌和单增李斯特菌等）。PAW 对浮游细菌的失活作用见表 1-3。

表 1-3　PAW 对浮游细菌的失活作用

微生物种类	PAW 制备条件	研究结果
E. coli O157：H7	DBD 等离子体，1、2 和 3 min	经放电 1、2 和 3 min 所制备 PAW 处理 15 min 后，*E. coli* O157：H7 数量分别减少 0.39、1.05 和 7.08 $\log_{10}$ CFU/mL
S. epidermidis，*L. mesenteroides* 和 *H. alvei*	滑动电弧放电等离子体，5 min	经 PAW 处理 15 min 后，*S. epidermidis* 数量约降低 7 $\log_{10}$ CFU/mL；处理 20 min 后 *L. mesenteroides* 和 *H. alvei* 菌落数均降低约 5 $\log_{10}$ CFU/mL
E. coli K12	DBD 等离子体，20 min	经 PAW 处理 15 min 后，菌落数约降低了 5.6 $\log_{10}$ CFU/mL
E. aerogenes	等离子体射流，5 min	经 PAW 处理 10 min 后，*E. aerogenes* 菌落数降低了 1.92 $\log_{10}$ CFU/mL
E. coli K12 和 *S. aureus*	等离子体射流，6.5 min	经 PAW 处理 1 h 后，*E. coli* K12 和 *S. aureus* 菌落数分别减少 7.14 和 3.10 $\log_{10}$ CFU/mL

由表 1-3 可知，浮游细菌对 PAW 具有不同的敏感性。Kamgang-Youbi 等发现，在初始细胞浓度接近的条件下，经 PAW 处理 10 min 后，蜂房哈夫尼菌（*Hafnia alvei*）、肠膜明串珠菌（*L. mesenteroides*）和表皮葡萄球菌（*Staphylococcus epidermidis*）分别降低了 2.17、3.15 和 3.74 个对数。上述结果可能与不同细菌的细胞结构差异有关。

（2）生物被膜

细菌生物被膜（bacterial biofilm）是细菌细胞及其分泌物（如胞外多糖、胞外蛋白和胞外 DNA 等）黏附在生物或非生物材料表面而形成的多细胞聚集体。与浮游细菌相比,处于生物被膜状态的细菌对干燥、热等不利外界环境条件和杀菌剂的抵抗力显著增强,给食品生产带来严重危害。研究证实,PAW 具有一定的抗生物膜活性。Park 等研究发现,PAW 处理 10 min 可使在不锈钢片上形成的大肠杆菌 DH 5α 生物被膜降低 1.9 $\log_{10}$ CFU/cm^2。此外,生物膜状态下的微生物比浮游状态下的微生物对 PAW 的抵抗力更强。例如,Smet 等研究指出,经 PAW 处理 30 min 后,生物被膜和浮游细胞的对数分别减少了 3.9 和 5.8 个对数。生物膜对 PAW 的抵抗力增强可能归因于生物膜细胞外基质的成分,该成分由多糖、蛋白质和 DNA 等组成,阻挡了 PAW 活性物质向存在于生物被膜内部细胞的渗透和扩散,进而影响了其失活效果。

(3)细菌芽孢

芽孢(endospore)又称内生孢子,是某些细菌在不利于生长繁殖的条件下形成的休眠体。因其具有细胞壁厚且含水量低等特点,芽孢对光照、辐射、紫外线及热等外界不良环境具有更强的抵抗力且广泛存在于环境中,是食品工业中的主要微生物污染源之一,极易引发食品安全问题。与细菌营养体相比,PAW 对细菌芽孢的失活作用相对较弱。Bai 等研究发现,经 PAW 于 25℃下处理 60 min 后,蜡样芽孢杆菌(*Bacillus cereus*,初始浓度为 10^6 CFU/mL)的芽孢仅降低了约 1.5 $\log_{10}$ CFU/mL;而 PAW 与温热协同处理可显著增强对蜡样芽孢杆菌芽孢的失活效果。经 PAW 在 55℃下处理 60 min 后,蜡样芽孢杆菌降低了 2.96 $\log_{10}$ CFU/mL。Liao 等评价了 PAW-温热协同处理对接种于大米表面的蜡样芽孢杆菌芽孢的失活作用。结果表明,经 PAW 于 40℃或 55℃处理 60 min 后,接种于大米表面的蜡样芽孢杆菌芽孢分别降低了 1.54 $\log_{10}$ CFU/g 和 2.12 $\log_{10}$ CFU/g。

1.3.2 等离子体活化水对真菌的失活作用

研究证实,PAW 也能够失活酵母、霉菌及霉菌孢子。Kamgang-Youbi 等研究了 PAW 对不同种类微生物的失活效果。结果表明,经 PAW 处理 30 min 后,蜂房哈夫尼菌(*Hafnia alvei*)、肠膜明串珠菌(*L. mesenteroides*)和表皮葡萄球菌(*Staphylococcus epidermidis*)分别由初始的 7.90、7.88 和 7.81 $\log_{10}$ CFU/mL 降低至检测限以下;而在相同处理条件下,溶液中的酿酒酵母仅由初始的 6.68 $\log_{10}$ CFU/mL 降低至 3.09 $\log_{10}$ CFU/mL。Los 等评价了 PAW 对黄曲霉(*Aspergillus flavus*)孢子的失活作用。经 PAW 在 15℃处理 2 h 或 24 h 后,黄曲霉孢子仅分别降低了 0.2 $\log_{10}$ CFU/mL 和 0.6 $\log_{10}$ CFU/mL。以上结果表明,相对于细菌,酵母、霉菌及其孢子对 PAW 的抗逆性更强,这可能与其细胞壁结构更为复杂有关。可通过将 PAW 与热处理、化学抗菌剂等其他技术协同使用来增强 PAW 对酵母、真菌和真菌孢子的失活效能。

1.3.3　等离子体活化水对病毒的失活作用

食源性病毒已成为造成食源性疾病的主要原因,常见的食源性病毒包括诸如病毒、甲肝病毒、轮状病毒、口蹄疫病毒及流感病毒等。研究发现,等离子体活化水对一些病毒具有一定的灭活作用。Guo 等研究了 PAW 对 T4、Φ174 和 MS2 噬菌体的失活作用。经冷等离子体激活 60 s 和 120 s 所制备的 PAW 处理 1 h 后,T4 噬菌体分别由初始的 5.8×10^{11} PFU/mL 降低至 6.0×10^{6} PFU/mL 和 20 PFU/mL;经冷等离子体激活 60 s 所制备 PAW 处理 1 h 后,Φ174 和 MS2 噬菌体也由初始的约 10^{11} PFU/mL 降低至约 100 PFU/mL。Su 等制备了冷等离子体处理的无菌水、0.9% NaCl 和 0.3% H_2O_2 溶液,分别记为 PAS(H_2O)、PAS(NaCl)和 PAS(H_2O_2),评价了上述 3 种溶液对新城疫病毒(newcastle disease virus)的失活效果。结果表明,上述 3 种溶液均能够有效降低新城疫病毒造成鸡胚死亡的概率。PAW 对上述病毒的失活作用可能与其含有的 ROS、RNS 等活性组分有关。

1.3.4　结论与展望

综上所述,PAW 能够杀灭浮游细菌、细菌生物被膜、酵母、霉菌孢子及病毒等有害微生物,在食品杀菌保鲜领域具有广阔的应用前景,但相关研究尚处于起步阶段。此外,PAW 失活微生物的作用机制也受到国内外学者的广泛关注。目前研究认为 PAW 发挥抗菌作用主要与其含有的 NO_3^-、NO_2^- 和 H_2O_2 等活性物质有关,但相关分子机制仍未明确,有待于进一步研究。

1.4　等离子体活化水在食品工业应用研究进展

等离子活化水能够产生丰富的活性组分,在农业生产、果蔬杀菌保鲜、生物医疗等领域有着广泛的应用。

1.4.1　果蔬杀菌保鲜

研究表明,PAW 能够有效灭活存在于葡萄、草莓、双孢蘑菇、杨梅等果蔬表面的细菌、酵母菌和霉菌等多种微生物,从而有效延长果蔬的货架期并保持其营养和感官品质(见表1-4)。

表1-4 PAW 在果蔬杀菌中的应用

研究对象	微生物种类	研究结果
双孢蘑菇	细菌和真菌	经 PAW 处理后,双孢蘑菇表面细菌和真菌的菌落总数分别减少了 1.5 $\log_{10}$ CFU/g 和 0.5 $\log_{10}$ CFU/g;且与对照组相比,处理组样品的色泽、pH 和抗氧化活性均无显著变化;硬度、呼吸速率和相对电导率的测定结果表明,PAW 浸泡处理可以延缓双孢蘑菇软化
草莓	金黄色葡萄球菌	采用 PAW10 和 PAW20 浸泡处理草莓样品 5、10 和 15 min 后,其表面的金黄色葡萄球菌菌落数降低 1.6~2.3 $\log_{10}$ CFU/g;储藏 4 d 后,菌落数减少 1.7~3.4 $\log_{10}$ CFU/g;此外,草莓的色泽、硬度和 pH 等理化指标均未发生显著变化($p>0.05$)
杨梅	细菌和真菌	采用 PAW 分别处理杨梅果实 0.5、2 和 5 min 并在 3℃贮藏 8 d 后,显著降低了杨梅表面微生物的数量(均约减少 1.1 $\log_{10}$ CFU/g);在贮藏 8 d 后,处理组样品的色泽、硬度、可溶性固形物含量等理化指标得到了更好的控制
葡萄	酿酒酵母	经 PAW60 处理 30 min 后,葡萄表面菌落数降低 0.51 $\log_{10}$ CFU/g,与对照组相比,处理组葡萄表面色泽和花青素含量均未发生显著变化($p>0.05$)
鲜切菠萝	细菌和真菌	采用 PAW 处理鲜切菠萝 20 min 后,菌落总数从 3.04 $\log_{10}$ CFU/g 降低到 2.60 $\log_{10}$ CFU/g,且 PAW 处理未对色泽、硬度、感官品质、pH 值、维生素 C 含量等造成显著影响;在 4℃贮藏温度下,PAW 处理可使其货架期从 8.06 h 延长至 9.03 h
青椒	尖孢镰刀菌（*Fusarium oxysporum*）	PAW60 对青椒表面尖孢镰刀菌菌丝生长和孢子萌发的抑制率分别为 15.00%和 54.44%
圣女果	大肠杆菌	经 PAW 处理 2 min 后,圣女果表面大肠杆菌菌落数约降低 2.0 $\log_{10}$ CFU/g

注:PAW10、PAW20 和 PAW60 分别指放电时间为 10、20 和 60 min 制备得到的 PAW。

1.4.2 芽苗菜生产

芽苗菜营养丰富并具有食疗保健功效,还具有生长周期短等优点,因此深受人们的喜爱。然而芽苗菜不宜储藏、容易腐烂,且一般生食较多,极易引发食源性疾病。研究表明,适当的 PAW 处理不仅能够杀灭种子表面的微生物,而且还能促进其发芽和生长。Zhou 等发现,与对照组相比,PAW 处理显著促进了种子的萌发和幼苗生长。经 PAW 处理后,绿豆种子的发芽率为 97.33%,萌发指数为

95.50%,活力指数为1146.64。Lee 等研究发现,PAW 可以有效促进大豆种子的萌发并显著增加豆芽中抗坏血酸、天冬酰胺和 γ-氨基丁酸的含量,这些结果与 Fan 等的研究结果一致。Fan 等研究发现,PAW 处理可以促进绿豆种子的萌发及生长。此外,PAW 处理可以有效降低绿豆芽等芽苗菜表面的微生物含量。研究表明,采用空气、O_2、He 和 N_2 所制备 PAW 处理绿豆芽后,其表面的细菌总数分别减少了 5.17、4.29、2.80 和 2.04 $\log_{10}$ CFU/g。综上可知,PAW 处理不仅能够灭活种子表面的微生物,而且对促进种子萌发和生长也有一定的积极影响,在芽苗菜生产和安全控制领域中具有广阔的应用前景。

1.4.3　肉制品护色

PAW 中含有较高浓度的 NO_2^- 和 NO_3^-,可以作为肉类腌制过程中亚硝酸盐的来源。研究表明,在肉糜和乳化型香肠加工中,PAW 作为亚硝酸盐源加入其中能够发挥良好的保鲜和护色作用。研究表明,乳化香肠经 PAW 处理并于 4℃ 储藏 28 d 后,与亚硝酸钠处理组相比,PAW 处理组香肠色泽、过氧化物值均无显著差异($p>0.05$)且亚硝酸盐残留水平较低。此外,李季林等研究了 PAW 处理对肌红蛋白色泽及火腿发色的影响,发现 PAW 处理对高铁肌红蛋白的色泽无显著影响;采用 PAW 和亚硝酸溶液腌制火腿,结果显示这两种处理方法均能使新鲜猪肉发色,且 PAW 处理组发色效果更好。此外,研究发现,亚硝酸盐溶液处理组火腿中亚硝酸盐残留量为 54.45 mg/kg,PAW 处理组火腿中亚硝酸盐残留量为 52.79 mg/kg,均小于限值(70 mg/kg)。因此,PAW 可以作为一种亚硝酸盐的替代品,在肉品保鲜领域具有较为广阔的应用前景。

1.4.4　农药残留降解

由于部分农业生产者持续、不规范地使用农药,造成食品中农药残留超标。因此,如何有效降解食品中的农药残留是近年来食品安全领域的研究热点。Zheng 等研究了 PAW 对葡萄表面农药残留的降解效果。结果表明,当等离子体激活时间为 1~30 min 时,PAW 对葡萄表面辛硫磷的去除效果随等离子体激活时间的延长而增强。经等离子体放电 30 min 所制备 PAW 浸泡处理 10 min 后,葡萄表面辛硫磷含量可降低 73.6%,其效果显著优于去离子水和洗洁精。通过HPLC-MS 分析,Zheng 等鉴定出两个辛硫磷降解产物,分别为 2-羟亚氨基-2-苯乙腈(2-hydroxyimino-2-phenylacetonitrile)和 O-(α-氰基亚苄氨基)磷酸二乙酯[O-diethyl O-(alpha-cyano benzylideneamino)phosphonate]。Ranjitha 等研究了

PAW 对西红柿表面毒死蜱(chlorpyrifos)的去除和降解效果。结果表明,经 PAW 处理 15 min 后,西红柿表面毒死蜱残留量降低了 51.97%,而相同条件下蒸馏水处理仅使毒死蜱残留量降低了 0.12%～0.64%。此外,PAW 处理能够有效保持葡萄及西红柿的色泽、还原糖、维生素 C 含量等指标。以上结果表明,PAW 能够有效去除和降解农产品表面的农药残留,有望用于生鲜果蔬等的质量安全控制。

1.4.5　禽蛋表面杀菌

蛋类是人们生活中的重要食品,富含蛋白质、胆固醇、卵磷脂、氨基酸、矿物质和各种维生素等营养物质。然而,禽蛋在贮存运输、销售等环节易受沙门氏菌、大肠杆菌、空肠弯曲杆菌、金黄色葡萄球菌等致病性微生物的污染,从而造成潜在的食品安全隐患。Lin 等研究了 PAW 对鸡蛋表面肠炎沙门氏菌($S.$ enteritidis ATCC 13076)的失活作用。结果表明,经无菌水处理 60 s 后,鸡蛋表面肠炎沙门氏菌由初始的 7.68 $\log_{10}$ CFU/个降低至 6.91 $\log_{10}$ CFU/个,仅降低了 0.77 个对数;而经 PAW(放电功率为 60 W,激活时间为 20 min)浸泡清洗处理 30、60、90 和 120 s 后,接种于鸡蛋表面的肠炎沙门氏菌分别降低了 2.38、4.40、3.99 和 5.51 个对数,其效果优于无菌水处理。此外,在贮藏过程中,PAW 处理组鸡蛋的新鲜度优于含氯消毒剂处理组鸡蛋。以上结果表明,PAW 可望用于禽蛋清洗和消毒,为禽蛋贮藏保鲜提供了新的参考。

1.4.6　水产品杀菌

鱼、虾、贝等水产品营养丰富、味道鲜美,深受消费者喜爱。然而,水产品在养殖、运输和加工等环节极易污染副溶血性弧菌、单增李斯特菌、金黄色葡萄球菌等食源性致病菌。Liao 等研究了等离子体活化水冰(PAW-ice)处理对新鲜刀额新对虾(Metapenaeusensis)的保鲜效果。结果表明,于 5℃贮存 9 d 后,PAW 冰处理组刀额新对虾表面菌落总数从初始的 3.9 $\log_{10}$ CFU/g 升高到 6.5 $\log_{10}$ CFU/g,而自来水冰处理组样品表面菌落总数增加至 8.6 $\log_{10}$ CFU/g。此外,PAW 还能有效延缓对虾褐变并且未对其品质造成不良影响。等离子体活化水冰也可用于三文鱼片的保鲜,焦等研究了等离子体活化水冰对纯培养以及人工接种于三文鱼片表面单增李斯特菌的杀灭效果。结果表明,与无菌水冰相比,等离子体活化水冰对单增李斯特菌具有良好的失活效果,可以使细菌降低 1～3 个对数。此外,在 4℃贮藏 5 d 过程中,与无菌水冰相比,等离子体活化水冰可以有效抑制接种于三文鱼片表面单增李斯特菌的生长并减缓三文鱼片挥发性盐基氮(total volatile basic nitrogen,TVB-N)含量和 pH 值的上升,有效保持三文鱼片的新鲜程度。以上结果表明等离子体活化水冰在生鲜水产品微生物控制领域具有良好应用前景。

1.4.7　结论与展望

作为一种新型非热杀菌技术,PAW 具有温度低、制备简单、作用效果均匀等优点,其在生鲜果蔬保鲜、肉制品护色、芽苗菜生产、水产品保鲜、农药残留降解等领域的潜在应用受到广泛关注。综上所述,PAW 在食品领域中具有重要的应用研究价值,更多的应用领域还有待进一步的开发和研究。在今后的研究工作中,还应系统评价 PAW 对食品营养组分、感官品质及安全性的影响,以推动该技术的实际应用。

1.5　等离子体活化水活性影响因素

PAW 活性受多种因素影响,除处理时间显著影响 PAW 作用效果外,等离子体放电参数、气体特性、溶液理化特性、微生物特性、食品表面粗糙度、食品组分、储存时间和温度等也显著影响 PAW 对微生物的失活效果。

1.5.1　冷等离子体放电参数

PAW 是由大气压条件下某些类型的气体放电产生的。因此,等离子体处理的放电参数(如放电类型、电极构型、电压、频率、输入功率和激活时间等)显著影响 PAW 对微生物的失活效能。通常 PAW 对食品表面微生物的杀灭效果随等离子体激活时间的延长而增强。较长的等离子体激活时间可能会促进 PAW 中活性物质的产生,这是其发挥抗菌活性的主要物质基础。Xiang 等比较了冷等离子体激活时间分别 30、60 和 90 s 所制备 PAW(分别记作 PAW30、PAW60 和 PAW90)对假单胞菌 CM2(*Pseudomonas deceptionensis* CM2)的失活作用。结果表明,在 30~90 s 范围内,PAW 对假单胞菌 CM2 的失活效果随冷等离子体激活时间的延长而显著增强。经 PAW30、PAW60 和 PAW90 处理 6 min 后,假单胞菌 CM2 数量分别降低了 1.54、3.43 和 5.30 $\log_{10}$ CFU/mL。该研究同时表明,PAW 中 H_2O_2、NO_3^- 和 NO_2^- 含量随着冷等离子体激活时间的延长而显著升高。此外,冷等离子体放电电压和功率也会影响 PAW 对微生物的失活效果。Zhao 等研究表明,采用放电电压分别为 15、22 和 30 kV 所制备的 PAW 处理 1 h 后,大肠杆菌分别降低了 0.1、1.2 和 5.67 个对数。较高的放电电压可能导致等离子体和 PAW 中生成更多的活性物质。冷等离子体放电功率也会影响 PAW 对微生物的失活效能。Lin 等研究发现,随着冷等离子体放电功率的升高,PAW 微生物的失活效能也显著增强。此外,随着放电功率的增加,PAW 的 pH 值下降,而 ORP 值和 H_2O_2、NO_3^-、NO_2^- 浓度显著增加,这可能是造成 PAW 杀菌效能增强的重要原因。

1.5.2 气体特性

产生冷等离子体所用气体的组成、湿度和流速等因素也显著影响 PAW 对微生物的失活效果。Wu 等比较了不同气体放电所制备 PAW 对炭疽病菌 (*Colletotrichum gloeosporioides*) 孢子的失活效果。结果表明,经空气放电所制备 PAW 处理 10 min 或 30 min 后,炭疽病菌孢子的失活率分别为 56% 和 96%;而经采用 21% O_2+79% N_2 所制备 PAW 处理 10 min 或 30 min 后,炭疽病菌孢子的失活率分别为 15% 和 55%。Smet 等发现,与纯 He 放电制备的 PAW 相比,采用 He+1% O_2 放电所制备的 PAW 对浮游 *L. monocytogenes* 和 *S. Typhimurium* 及其生物被膜具有更强的失活效果。采用不同气体产生冷等离子体时,会产生不同组成和含量的活性物质,从而影响 PAW 的理化性质,最终影响 PAW 对微生物的杀灭效果。

1.5.3 溶液理化特性

研究表明,PAW 的抗菌活性易受到液体成分、pH 值、硬度和电导率等因素的影响。外源物质的添加可能会影响 PAW 的理化特性和活性,此外,在液体溶液中添加蛋氨酸、乳酸和 H_2O_2 也可以显著提高 PAW 的抗菌活性。Ercan 等研究表明,与冷等离子体激活的去离子水或 PBS 溶液相比,等离子体处理的 N-乙酰半胱氨酸对大肠杆菌具有更强的杀灭效能。低 pH 在 PAW 诱导微生物失活中也起着重要作用。Ma 等研究表明,经 PAW 处理 5 min 后大肠杆菌数量由初始的 10^7 CFU/mL 降低到检测限以下;而经等离子体活化的 PBS 溶液处理 5 min 后,大肠杆菌数量仅下降了 1.8 个对数。经等离子体放电处理 5 min 后,等离子体活化的去离子水的 pH 值下降到 2.8,而等离子体活化 PBS 溶液的 pH 值缓慢下降到接近 6。这可能是由于磷酸盐缓冲液对等离子体放电过程中产生的硝酸、亚硝酸、过氧亚硝酸等酸性化学物质具有一定的缓冲能力,从而减缓了等离子体活化溶液 pH 值的快速下降,并显著影响液体中活性成分的组成和含量等理化性质。

1.5.4　微生物特性

研究表明,不同类型的微生物(如细菌、酵母和霉菌)对 PAW 表现出不同的抗逆性。由于细胞壁化学成分和结构不同,微生物对 PAW 抗逆性的强弱顺序为:酵母>革兰氏阴性细菌>革兰氏阳性细菌。PAW 对微生物的杀灭效果也与微生物的分离株和表现型有关。Lipovan 等研究了 PAW 对 38 株凝固酶阳性葡萄球菌(27 株为金黄色葡萄球菌,11 株为非金黄色葡萄球菌)和金黄色葡萄球菌 ATCC 25923 的失活作用。结果发现,经 PAW 处理 3 min 后,39 株被测菌株降低了 0~7.38 个对数,平均降低 5 个对数,表明 PAW 对葡萄球菌不同菌株也具有不同的失活效能。

1.5.5　食品表面粗糙度和食品组分

研究证实,待处理食品的表面粗糙度及蛋白质等组分也显著影响 PAW 对微生物的杀灭效果。

(1)表面粗糙度

待处理食品的表面粗糙度可能是影响 PAW 杀菌效果的一个重要因素。Joshi 等研究了 PAW 和等离子体激活酸性缓冲液(plasma – activated acidified buffer, PAAB)对接种于小番茄、青柠檬和刺葫芦(spiny gourds)表面产气肠杆菌(*Enterobacter aerogenes*)的失活作用。经 PAW 清洗 3 min 后,小番茄、青柠檬和刺葫芦表面的产气肠杆菌分别降低 1.98、1.77 和 1.03 个对数;经 PAAB 清洗 3 min 后,接种于小番茄、青柠檬和刺葫芦表面的产气肠杆菌分别降低了 2.00、1.97 和 1.62 个对数。作者同时测得小番茄、青柠檬和刺葫芦的表面粗糙度分别为 5.17、18.76 和 101.50 μm。以上结果表明,PAW 对食品表面微生物的失活作用随其表面粗糙度的升高而降低。因此,在实际应用 PAW 时应关注食品表面特性对其应用效果的影响。

(2)食品组分干扰作用

PAW 对食品表面微生物的杀灭效果低于纯培养体系,这可能是由于食品组分的干扰,如蛋白质、脂质和多糖等。Zhao 等研究发现,添加鱼胶或鱼组织匀浆均能够显著降低 PAW 对荧光假单胞菌(*Pseudomonas fluorescens*)的杀灭效果。类似地,Zhang 等研究表明,在 PAW 中加入牛血清白蛋白能够降低其对金黄色葡萄球菌的失活效果。经放电 5 min 和 10 min 所制备的 PAW 处理 10 min 后,金黄色葡萄球菌约降低了 7 个对数;而在上述 PAW 中添加终浓度为 3 mg/mL 的牛血清白蛋白并处理 10 min 后,金黄色葡萄球菌约降低了 4 和 5.5 个对数。Bai 等研究发现,在 PAW 中添加终浓度为 0.1 mg/mL 或 0.5 mg/mL 的牛血清白蛋白后,其对蜡样芽孢杆菌芽孢的失活作用随所添加牛血清白蛋白浓度的升高而降低。造成上述现象的可能原因是蛋白质、脂质等食品组分能够与 PAW 中的活性组分发生一系列复杂化学反应,进而影响了 PAW 的理化特性(如 pH、ROS 和 RNS 组成及含量等),最终造成其抗菌活性降低。

1.5.6 结论与展望

近年来,PAW 在农业、食品、生物医学等领域的应用受到广泛关注。但大量研究证实,PAW 的应用效果与其处理时间、等离子体放电参数、被处理微生物种类、食品表面粗糙度等密切相关。此外,蛋白质等食品组分会降低 PAW 对微生物的杀灭效果,影响了其在食品领域的实际应用。因此,在今后的研究中,可通过优化冷等离子体放电类型、电压、放电气体组成等制备工艺参数提高 PAW 的杀菌效能,同时还应系统研究 PAW 与食品组分的相互作用机制。此外,可通过将 PAW 与其他技术联合使用等方法增强其对微生物的杀灭效能。

参考文献

[1]王霄晔, 任婧寰, 王哲, 等. 2017 年全国食物中毒事件流行特征分析[J]. 疾病监测, 2018, 33(5): 359-364.

[2] DEWEY-MATTIA D, MANIKONDA K, HALL A J, et al. Surveillance for foodborne disease outbreaks-United States, 2009-2015[J]. MMWR Surveillance Summaries, 2018, 67(10): 111.

[3]ISMAÏL R, AVIAT F, MICHEL V, et al. Methods for recovering microorganisms from solid surfaces used in the food industry: A review of the literature [J]. International Journal of Environmental Research and Public Health, 2013, 10 (11): 6169-6183.

[4]范刘敏. UVC-LEDs 在食品及食品接触材料杀菌中的初步应用研究[D]. 郑州: 郑州轻工业大学, 2021.

[5]KOSZUCKA A, NOWAK A. Thermal processing food-related toxicants: A review [J]. Critical Reviews in Food Science and Nutrition, 2019, 59(22): 3579-3596.

[6]MEIRELES A, GIAOURIS E, SIMOES M. Alternative disinfection methods to

chlorine for use in the fresh‑cut industry[J]. Food Research International, 2016, 82：71-85.

[7]张晓, 王永涛, 李仁杰, 等. 我国食品超高压技术的研究进展[J]. 中国食品学报, 2015, 15(5)：157-165.

[8]TOEPFL S, MATHYS A, HEINZ V, et al. Potential of high hydrostatic pressure and pulsed electric fields for energy efficient and environmentally friendly food processing[J]. Food Reviews International, 2006, 22(4)：405-42.

[9]杨宇帆, 陈倩, 王浩, 等. 高压电场技术在食品加工中的应用研究进展[J]. 食品工业科技, 2019, 40(19)：316-320+325.

[10]张若兵, 陈杰, 肖健夫, 等. 高压脉冲电场设备及其在食品非热处理中的应用[J]. 高电压技术, 2011, 37(3)：777-786.

[11]樊丽华, 侯福荣, 马晓彬, 等. 超声波及其辅助灭菌技术在食品微生物安全控制中的应用[J]. 中国食品学报, 2020, 20(7)：326-336.

[12]刘伟, 宋弋, 张洁, 等. 超声波对果蔬汁杀菌和品质影响的研究进展[J]. 现代食品科技, 2018, 34(5)：276-289.

[13]侯志强, 赵凤, 饶雷, 等. 高压二氧化碳技术的杀菌研究进展[J]. 中国农业科技导报, 2015, 17(5)：40-48.

[14]刘书成, 郭明慧, 刘媛, 等. 高密度 CO_2 杀菌和钝酶及其在食品加工中应用的研究进展[J]. 广东海洋大学学报, 2016, 36(4)：101-116.

[15]侯志强, 黄玮婧, 廖小军, 等. 高压二氧化碳处理对鲜切青菜微生物与品质的影响[J]. 中国食品学报, 2018, 18(7)：189-200.

[16]MIR S A, SHAH M A, MIR M M. Understanding the role of plasma technology in food industry[J]. Food Bioprocess Technology, 2016, 9(5)：734-750.

[17]AFSHARI R, HOSSEINI H. Non‑thermal plasma as a new food preservation method, its present and future prospect[J]. Journal of Paramedical Sciences, 2014, 5(1)：116-120.

[18]XIANG Q S, LIU X F, LI J G, et al. Influences of cold atmospheric plasma on microbial safety, physicochemical and sensorial qualities of meat products[J]. Journal of Food Science and Technology-Mysore, 2018, 55(3)：1846-1857.

[19]相启森, 刘秀妨, 刘胜男, 等. 大气压冷等离子体技术在食品工业中的应用研究进展[J]. 食品工业, 2018, 39(7)：267-271.

[20]相启森, 张嵘, 范刘敏, 等. 大气压冷等离子体在鲜切果蔬保鲜中的应用研

究进展[J]. 食品工业科技, 2021, 42(1)：368-372.

[21]刘胜男, 马云芳, 张嵘, 等. 大气压冷等离子体影响食品酶研究进展[J].
食品工业, 2020, 41(3)：254-257.

[22]HAN Y X, CHENG J H, SUN D W. Activities and conformation changes of food enzymes induced by cold plasma：A review [J]. Critical Reviews in Food Science and Nutrition, 2019, 59(5)：794-811.

[23]孟宁, 刘明, 张培茵, 等. 低温等离子体技术在全谷物加工中的应用进展 [J]. 食品工业科技, 2019, 40(24)：332-337.

[24]BIE P G, PU H Y, ZHANG B J, et al. Structural characteristics and rheological properties of plasma-treated starch[J]. Innovative Food Science & Emerging Technologies, 2016, 34：196-204.

[25]SEGAT A, MISRA N N, Cullen P J, et al. Atmospheric pressure cold plasma (ACP) treatment of whey protein isolate model solution[J]. Innovative Food Science & Emerging Technologies, 2015, 29：247-254.

[26]MISRA N N, PANKAJ S K, WALSH T, et al. In-package nonthermal plasma degradation of pesticides on fresh produce[J]. Journal of Hazardous Materials, 2014, 271：33-40.

[27]周煜, 蔡瑞, 岳田利, 等. 低温等离子体在食品中杀灭微生物与降解真菌毒素研究进展[J]. 食品研究与开发, 2020, 41(14)：209-218.

[28]相启森, 董闪闪, 郑凯茜, 等. 大气压冷等离子体在食品农药残留和真菌毒素控制领域的应用研究进展[J/OL]. 轻工学报：1-15[2021-09-21]. http://kns. cnki. net/kcms/detail/41. 1437. TS. 20210914. 1604. 004. html.

[29]WIELOGORSKA E, AHMED Y, MENEELY J, et al. A holistic study to understand the detoxification of mycotoxins in maize and impact on its molecular integrity using cold atmospheric plasma treatment[J]. Food Chemistry, 2019, 301：125281. Doi：10. 1016/j. foodchem. 2019. 125281.

[30]康超娣, 相启森, 刘骁, 等. 等离子体活化水在食品工业中应用研究进展 [J]. 食品工业科技, 2018, 39(7)：348-352.

[31]HERIANTO S, HOU C Y, LIN C M, et al. Nonthermal plasma-activated water：A comprehensive review of this new tool for enhanced food safety and quality[J]. Comprehensive Reviews in Food Science and Food Safety, 2021, 20 (1)：583-626.

[32] SHEN J, TIAN Y, LI Y L, et al. Bactericidal effects against *S. aureus* and physicochemical properties of plasma activated water stored at different temperatures[J]. Scientific Reports, 2016, 6: 28505.

[33] ERCAN U K, WANG H, JI H F, et al. Nonequilibrium plasma–activated antimicrobial solutions are broad–spectrum and retain their efficacies for extended period of time[J]. Plasma Processes and Polymers, 2013, 10(6): 544–555.

[34] 孔刚玉, 刘定新. 气体等离子体与水溶液的相互作用研究——意义、挑战与新进展[J]. 高电压技术, 2014, 40(10): 2956–2965.

[35] 王学扬, 齐志华, 宋颖, 等. 等离子体活化生理盐水杀菌应用研究[J]. 物理学报, 2016, 65(12): 123301.

[36] IWATA N, GAMALEEV V, OH J S, et al. Investigation on the long–term bactericidal effect and chemical composition of radical–activated water[J]. Plasma Processes and Polymers, 2019, 16(10): 1900055.

[37] XU Y Y, TIAN Y, MA R N, et al. Effect of plasma activated water on the postharvest quality of button mushrooms, *Agaricus bisporus*[J]. Food Chemistry, 2016, 197: 436–444.

[38] VLAD I E, ANGHEL S D. Time stability of water activated by different on–liquid atmospheric pressure plasmas[J]. Journal of Electrostatics, 2017, 87: 284–292.

[39] TIAN Y, MA R N, ZHANG Q, et al. Assessment of the physicochemical properties and biological effects of water activated by non–thermal plasma above and beneath the water surface[J]. Plasma Processes and Polymers, 2015, 12(5): 439–449.

[40] QIAN J, ZHUANG H, NASIRU M M, et al. Action of plasma–activated lactic acid on the inactivation of inoculated *Salmonella* Enteritidis and quality of beef[J]. Innovative Food Science & Emerging Technologies, 2019, 57: 102196.

[41] CHEN T P, LIANG J F, SU T L. Plasma–activated water: antibacterial activity and artifacts? [J] Environmental Science and Pollution Research, 2018, 25: 26699–26706.

[42] 康超娣. 等离子体活化水对鸡肉源 *P. deceptionensis* 杀菌效果及机制研究[D]. 郑州: 郑州轻工业大学, 2019.

［43］张嵘. 等离子体活化水协同温热、SLES 处理对酿酒酵母的失活作用及应用研究［D］. 郑州：郑州轻工业大学，2021.

［44］KOJTARI A, ERCAN U K, SMITH J, et al. Chemistry for antimicrobial properties of water treated with nonequilibrium plasma［J］. Nanomedicine & Biotherapeutic Discovery, 2013, 4(1)：1000120.

［45］KAMGANG-YOUBI G, HERRY J M, MEYLHEUC T, et al. Microbial inactivation using plasma-activated water obtained by gliding electric discharges［J］. Letters in Applied Microbiology, 2009, 48(1)：13-18.

［46］TRAYLOR M J, PAVLOVICH M J, KARIM S, et al. Long-term antibacterial efficacy of air plasma-activated water［J］. Journal of Physics D：Applied Physics, 2011, 44(47)：472001.

［47］JOSHI I, SALVI D, SCHAFFNER D W, et al. Characterization of microbial inactivation using plasma activated water and plasma-activated acidified buffer［J］. Journal of Food Protection, 2018, 81(9)：1472-1480.

［48］ROYINTARAT T, SEESURIYACHAN P, BOONYAWAN D, et al. Mechanism and optimization of non-thermal plasma-activated water for bacterial inactivation by underwater plasma jet and delivery of reactive species underwater by cylindrical DBD plasma［J］. Current Applied Physics, 2019, 19(9)：1006-1014.

［49］PARK J Y, PARK S, CHOE W, et al. Plasma-functionalized solution：A potent antimicrobial agent for biomedical applications from antibacterial therapeutics to biomaterial surface engineering［J］. ACS Applied Materials & Interfaces, 2017, 9 (50)：43470-43477.

［50］SMET C, GOVAERT M, KYRYLENKO A, et al. Inactivation of single strains of *Listeria monocytogenes* and *Salmonella* Typhimurium planktonic cells and biofilms with plasma activated liquids［J］. Frontiers in Microbiology, 2019, 10：1539.

［51］BAI Y, MUHAMMAD A I, HU Y Q, et al. Inactivation kinetics of *Bacillus cereus* spores by plasma activated water（PAW）［J］. Food Research International, 2020, 131：109041. Doi：10. 1016/j. foodres. 2020. 109041

［52］LIAO X Y, BAI Y, MUHAMMAD A I, et al. The application of plasma-activated water combined with mild heat for the decontamination of *Bacillus cereus* spores in rice（*Oryza sativa* L. ssp. *japonica*）［J］. Journal of Physics D：Applied Physics, 2020, 53(6)：064003.

[53] LOS A, ZIUZINA D, BOEHM D, et al. Inactivation efficacies and mechanisms of gas plasma and plasmaactivated water against *Aspergillus flavus* spores and biofilms: A comparative study[J]. Applied and Environmental Microbiology, 2020, 86(9): e02619-19. Doi: 10. 1128/AEM. 02619-19

[54] GUO L, XU R B, GOU L, et al. Mechanism of virus inactivation by cold atmospheric-pressure plasma and plasma-activated water[J]. Applied and Environmental Microbiology, 2018, 84 (17): e00726-18. Doi: 10. 1128/AEM. 00726-18.

[55] SU X, TIAN Y, ZHOU H Z, et al. Inactivation efficacy of non-thermal plasma activated solutions against Newcastle disease virus [J]. Applied and Environmental Microbiology, 2018, 84 (9): e02836-17. Doi: 10. 1128/AEM. 02836-17.

[56] MA R N, WANG G M, TIAN Y, et al. Non-thermal plasma-activated water inactivation of food-borne pathogen on fresh produce[J]. Journal of Hazardous Materials, 2015, 300: 643-651.

[57] MA R N, YU S, TIAN Y, et al. Effect of non-thermal plasma-activated water on fruit decay and quality in postharvest Chinese bayberries[J]. Food and Bioprocess Technology, 2016, 9 (11): 1825-1834.

[58] 郭俭. 低温等离子体杀菌机理与活性水杀菌作用研究[D]. 杭州: 浙江大学, 2016.

[59] 陈玥, 杨同亮, 孟琬星, 等. 等离子体活化水对鲜切菠萝品质的影响[J]. 食品研究与开发, 2021, 42(3): 105-110.

[60] 鉏晓艳, 李海蓝, 吴迪, 等. 等离子体活化水对青椒尖孢镰刀菌的抑制作用[J]. 现代食品科技, 2020, 36(10): 33-40.

[61] 陈小娟. 等离子体活化水的灭活效果及对圣女果保鲜的应用研究[D]. 北京: 北京农学院, 2020.

[62] ZHOU R W, LI J W, ZHOU R S, et al. Atmospheric-pressure plasma treated water for seed germination and seedling growth of mung bean and its sterilization effect on mung bean sprouts [J]. Innovative Food Science & Emerging Technologies, 2019, 53: 36-44.

[63] LEE E J, KHAN M S I, SHIM J, et al. Roles of oxides of nitrogen on quality enhancement of soybean sprout during hydroponic production using plasma

discharged water recycling technology [J]. Scientific Reports, 2018, 8 (1): 16872.

[64] FAN L M, LIU X F, MA Y F, et al. Effects of plasma-activated water treatment on seed germination and growth of mung bean sprouts [J]. Journal of Taibah University for Science, 2020, 14(1): 823-830.

[65] JUNG S, KIM H J, PARK S, et al. The use of atmospheric pressure plasma-treated water as a source of nitrite for emulsion-type sausage [J]. Meat Science, 2015, 108: 132-137.

[66] 李季林, 陈雅淇, 成军虎. 低温等离子体活性水处理对火腿发色的影响 [J/OL]. 食品科学: 1-14 [2021-09-27]. http://kns. cnki. net/kcms/detail/11. 2206. TS. 20210207. 1100. 010. html.

[67] ZHENG Y P, WU S J, DANG J, et al. Reduction of phoxim pesticide residues from grapes byatmospheric pressure non-thermal air plasma activated water [J]. Journal of Hazardous Materials, 2019, 377, 98-105.

[68] RANJITHA GRACY T K, VIDHI G, MAHENDRAN R. et al. Effect of plasma activated water (PAW) on chlorpyrifos reduction in tomatoes [J]. International Journal of Chemical Studies, 2019; 7(3): 5000-5006.

[69] LIN C M, CHU Y C, HSIAO C P, et al. The optimization of plasma activated water treatments to inactivate *Salmonella* Enteritidis (ATCC 13076) on shell eggs [J]. Foods, 2019, 8(10): 520.

[70] LIAO X Y, SU Y, LIU D H, et al. Application of atmospheric cold plasma-activated water (PAW) ice for preservation of shrimps (*Metapenaeus ensis*) [J]. Food Control, 2018, 94: 307-314.

[71] 焦浈, 朱育攀, 许航博, 等. 等离子体活化水冰对纯培养及三文鱼片表面单增李斯特菌杀菌效果研究 [J]. 郑州大学学报(理学版), 2019, 51(3): 97-103.

[72] XIANG Q S, KANG C D, NIU L Y, et al. Antibacterial activity and a membrane damage mechanism of plasma-activated water against *Pseudomonas deceptionensis* CM2 [J]. LWT-Food Science and Technology, 2018, 96: 395-401.

[73] ZHAO Y M, OJHA S, BURGESS C M, et al. Inactivation efficacy and mechanisms of plasma activated water on bacteria in planktonic state [J]. Journal of Applied Microbiology, 2020, 129 (5): 1248-1260.

[74] WU M C, LIU C T, Chiang C Y, et al. Inactivation effect of *Colletotrichum Gloeosporioides* by long-lived chemical species using atmospheric pressure corona plasma-activated water[J]. IEEE Transactions on Plasma Science, 2019, 47 (2): 1100-1104.

[75] QIAN J, ZHUANG H, NASIRU M M, et al. Action of plasma-activated lactic acid on the inactivation of inoculated *Salmonella Enteritidis* and quality of beef [J]. Innovative Food Science & Emerging Technologies, 2019, 57: 102196. Doi: 10. 1016/j. ifset. 2019. 102196.

[76] MA M Y, ZHANG Y Z, LV Y, et al. The key reactive species in the bactericidal process of plasma activated water[J]. Journal of Physics D: Applied Physics, 2020, 53(18): 185207.

[77] YE G P, ZHANG Q, PAN H, et al. Efficiency of pathogenic bacteria in activation by non-thermal plasma activated water[J]. Scientia Sinica Vitae, 2013, 43(8): 679-684.

[78] LIPOVAN I, BOSTĂNARU A C, NĂSTASĂ V, et al. Assessment of the antimicrobial effect of nonthermal plasma activated water against coagulase positive *Staphylococci*[J]. Bulletin of University of Agricultural Sciences and Veterinary Medicine Cluj-Napoca. Veterinary Medicine, 2015, 72 (2): 363-367.

[79] ZHAO Y M, OJHA S, BURGESS C M, et al. Influence of various fish constituents on in activation efficacy of plasma-activated water[J]. International Journal of Food Science & Technology, 2020, 55(6): 2630-2641.

[80] ZHANG Q, MA R N, TIAN Y, et al. Sterilization efficiency of a novel electrochemical disinfectant against *Staphylococcus aureus* [J]. Environmental Science & Technology, 2016, 50(6): 3184-3192.

2 等离子体活化水对微生物的杀菌效果及机制

近年来,等离子体活化水(plasma-activated water,PAW)对细菌、酵母、霉菌和病毒等微生物的失活作用已被广泛研究,然而关于 PAW 失活微生物的作用机制尚存在争议,食品组分对 PAW 杀菌效果的影响尚不明确,制约了其在食品保鲜等领域的实际应用。针对上述问题,本章以 1 株分离自腐败鸡肉的假单胞菌 CM2(*Pseudomonas deceptionensis* CM2,以下简称 *P. deceptionensis* CM2)为研究对象,通过测定细菌形态变化、细胞膜完整性和细胞平均粒径等指标,探讨 PAW 失活 *P. deceptionensis* CM2 的作用机制。此外,系统研究冷等离子体放电过程中 PAW 主要活性成分(氧化还原电位、pH、电导率以及 H_2O_2、NO_2^- 和 NO_3^-)的变化规律,同时通过在 PAW 中添加不同浓度蛋白胨和牛肉提取物,评价上述两种有机物对 PAW 杀菌效果及理化特性的影响,以期为 PAW 在食品杀菌保鲜领域的实际应用提供科学理论依据和技术支撑。

2.1 PAW 的制备及理化特性

2.1.1 PAW 的制备

采用 TS-PL-200 型冷等离子体射流(atmospheric pressure plasma jet,APPJ)发生装置(深圳市东信高科自动化设备有限公司)制备 PAW,放电功率为 750 W,载气压力值为 0.18~0.19 MPa,以空气为激发气源,压缩空气进入放电腔室中,生成的冷等离子体直接与周围的无菌水反应生成等离子体活化水(图 2-1)。将 200 mL 无菌去离子水(sterile distilled water,SDW)置于烧杯中,APPJ 装置喷射探头与液体间距为 5 mm,经等离子体放电处理 30、60 和 90 s 所制备的等离子体活化水分别记为 PAW30、PAW60 和 PAW90。分别测定上述样品的氧化还原电位、pH 值、电导率及 H_2O_2、NO_2^- 和 NO_3^- 含量。

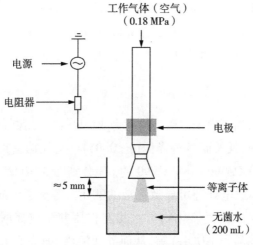

图 2-1　实验装置示意图

2.1.2　PAW 的理化特性

（1）氧化还原电位

研究证实,氧化还原电位(oxidation reduction potential,ORP)是影响微生物生长繁殖的重要因素。高 ORP 使微生物细胞膜的电位差发生改变,从而损伤细菌的细胞内膜和外膜,导致微生物死亡。大气压等离子体射流激活时间对 PAW 氧化还原电位的影响见图 2-2。

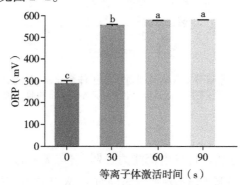

图 2-2　等离子体激活时间对 PAW 氧化还原电位的影响
误差线上标注不同字母表示各组差异显著(Ducan 检验,$p < 0.05$)

如图 2-2 所示,当等离子体激活时间为 30~90 s 时,PAW 的 ORP 随等离子体激活时间的延长呈增加趋势。与无菌去离子水(其 ORP 值为 286.33 mV)相比,PAW30、PAW60 和 PAW90 的 ORP 分别增加了 266.67、291.33 和 294.33 mV；但 PAW60 和 PAW90 的 ORP 无显著差异($p>0.05$)。结果表明,PAW 的 ORP 升高可能与冷等离子体放电过程中所产生的 H_2O_2、O_3、NO_3^-、NO_2^- 和过氧亚硝酸(ONOOH)等有关。

（2）pH

如图 2-3 所示,当等离子体激活时间为 30~90 s 时,所制备 PAW 的 pH 值随等离子体激活时间的延长而显著降低($p<0.05$)。与无菌去离子水相比(其 pH 值为 6.32),PAW30、PAW60 和 PAW90 的 pH 分别为 3.10、2.80 和 2.68。大量研究表明,等离子体放电处理可导致溶液的酸化。等离子体放电过程中产生的 NO_3、NO_2 等一系列活性氮氧化物与水相互作用并生成硝酸(HNO_3)、亚硝酸(HNO_2)和过氧亚硝酸(ONOOH)等,从而导致溶液 pH 的降低。Oehmigen 等推测 PAW 的抗菌活性是高 ORP 和低 pH 共同作用造成的,且低 pH 有利于活性物质通过细胞壁而进入胞内。目前,国内外学者普遍认为,PAW 中的活性物质可能通过与酸性环境发生协同效应而失活微生物。

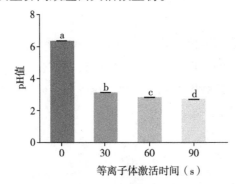

图 2-3 等离子体激活时间对等离子体活化水 pH 值的影响
误差线上标注不同字母表示各组差异显著(Ducan 检验,$p<0.05$)

（3）电导率

电导率常用来表示溶液传导电流能力强弱,它与离子的迁移速度和离子浓度等因素有关。大气压等离子体射流激活时间对 PAW 中电导率的影响见图 2-4。

如图 2-4 所示,当等离子体激活时间为 30~90 s 时,PAW 的电导率随冷等离子体激活时间的延长而显著升高($p<0.05$)。与无菌去离子水相比,PAW90 的电导率显著升高到 723.33 μS/cm($p<0.05$)。本研究结果与 Choi 等实验结果相一致。Choi 等发现,蒸馏水的电导率为 5.35 μS/cm,经等离子体处理蒸馏水 120 min 所制备 PAW 的电导率显著升高到 2022.00 μS/cm($p<0.05$)。以上结果

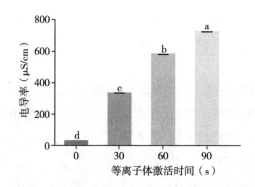

图 2-4 等离子体激活时间对 PAW 电导率的影响
误差线上标注不同字母表示各组差异显著（Ducan 检验，$p<0.05$）

表明，PAW 含有大量的带电离子，这些带电离子可能是由水分子和等离子体活性组分通过一系列复杂化学反应产生的。例如，Lukes 等研究证实，PAW 中的 H_2O_2 在光照条件下易发生分解，从而产生更多的·OH，导致溶液电导率升高。

（4）H_2O_2

H_2O_2 作为 PAW 中的主要活性物质对微生物的失活具有重要作用。H_2O_2 是一种绿色氧化剂，能够广泛地杀灭细菌、真菌等不同种类的微生物，广泛应用于消毒、杀菌、漂白等领域。研究证实，在冷等离子体所处理溶液中会产生 H_2O_2，其主要生成机制如下：·OH + ·OH → H_2O_2。大气压等离子体激活时间对 PAW 中 H_2O_2 含量的影响见图 2-5。

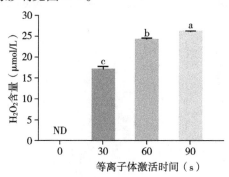

图 2-5 等离子体激活时间对 PAW 中 H_2O_2 含量的影响
误差线上标注不同字母表示各组差异显著（Ducan 检验，$p<0.05$），ND 表示未检测出

由图 2-5 可知，当等离子体激活时间为 30~90 s 时，PAW 的 H_2O_2 含量随大气压等离子体射流激活时间的延长而显著升高（$p<0.05$）。与无菌去离子水相比（H_2O_2 含量为 0 μmol/L），PAW30、PAW60 和 PAW90 的 H_2O_2 含量分别显著升高至

17.31、24.33 和 26.08 μmol/L($p<0.05$)。H_2O_2 的氧化性较强,高浓度 H_2O_2 可导致生长停滞和细胞死亡,但其在 PAW 失活微生物中的作用仍有待进一步研究。

（5）NO_3^- 和 NO_2^-

硝酸盐、亚硝酸盐和过氧亚硝酸盐等活性氮类物质也被认为在 PAW 失活微生物中发挥了重要的作用。因此,有必要研究大气压等离子体射流激活时间对 PAW 中 NO_3^- 和 NO_2^- 含量的影响,结果见图 2-6 和图 2-7。如图 2-6 所示,当等离子体激活时间为 30~90 s 时,PAW 中的 NO_3^- 含量随大气压等离子体射流激活时间的延长而显著升高($p<0.05$)。与无菌去离子水相比(未检测出 NO_3^-),PAW30、PAW60 和 PAW90 中的 NO_3^- 含量显著增加到 604.74、1384.49 和 2002.69 μmol/L($p<0.05$)。

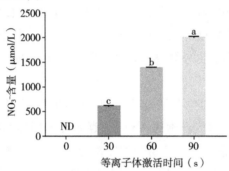

图 2-6 等离子体激活时间对 PAW 中 NO_3^- 浓度的影响
误差线上标注不同字母表示各组差异显著(Ducan 检验,$p<0.05$),ND 表示未检测出

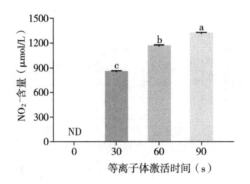

图 2-7 等离子体激活时间对 PAW 中 NO_2^- 浓度的影响
误差线上标注不同字母表示各组差异显著(Ducan 检验,$p<0.05$),ND 表示未检测出

如图 2-7 所示,与无菌去离子水相比(未检测出 NO_2^-),PAW30、PAW60 和 PAW90 中 NO_2^- 的含量显著升高至 851.13、1162.67 和 1319.49 μmol/L($p<0.05$)。

上述结果与 Liu 等的报道相一致。Liu 等发现经冷等离子体处理 20 min 后，溶液中 NO_3^- 的含量由初始的 0.70 mg/L 显著升高至 21.00 mg/L，而 NO_2^- 的含量由初始的 0 mg/L 显著升高至 37.00 mg/L($p<0.05$)。冷等离子体放电过程所产生的 NO、NO_2、NO_x 等氮氧化物与溶液发生一系列化学反应，并生成硝酸(HNO_3)和亚硝酸(HNO_2)，同时造成等离子体活化水 pH 的降低。相关研究报道，NO_3^- 和 NO_2^- 在 PAW 失活微生物的过程中发挥了重要的作用。Naïtali 等测得所制备 PAW 的 pH 为 3.0，H_2O_2 含量为 10 μmol/L，硝酸盐含量为 130 μmol/L，硝酸盐含量为 1.6 mmol/L。经 PAW 处理 30 min 后，蜂房哈夫尼菌(*Hafnia alvei*)降低了约 5.9 log_{10} CFU/mL。进一步研究表明，经终浓度为 10 μmol/L 的 H_2O_2 溶液(pH 3.0)处理 30 min 后，蜂房哈夫尼菌仅减少了 0.40 log_{10} CFU/mL；经终浓度为 130 μmol/L 的硝酸盐(pH 3.0)或终浓度为 1.6 mmol/L 的亚硝酸盐溶液(pH 3.0)处理 30 min 后，蜂房哈夫尼菌分别减少了 0.5 和 3.9 log_{10} CFU/mL；而经 10 μmol/L H_2O_2+130 μmol/L 硝酸盐+1.6 mmol/L 亚硝酸盐混合液(pH 3.0)处理 30 min 后，蜂房哈夫尼菌减少了 5.7 log_{10} CFU/mL。以上结果表明，H_2O_2、NO_3^- 和 NO_2^- 在酸性条件下发挥了协同抗菌作用。

2.1.3 结论与展望

随着大气压等离子体射流激活时间的延长，PAW 的 ORP 值、电导率及 H_2O_2、NO_2^- 和 NO_3^- 含量均显著升高，而 pH 显著降低，上述理化指标的变化可能与 PAW 对微生物的失活作用密切相关。然而，PAW 中各种活性组分的生成途径和相互反应规律极为复杂，目前尚未得到完全阐明。因此有必要在今后的工作中深入研究 PAW 中各活性成分生成的化学反应途径，系统揭示各活性组分在 PAW 失活微生物过程中的作用，明确其主要杀菌因子，并构建主要杀菌因子生成的定向调控方法，从而提高 PAW 对微生物的杀灭效果。

2.2 PAW 对 *P. deceptionensis* CM2 的杀灭效果与机制

2.2.1 PAW 对 *P. deceptionensis* CM2 的杀灭效果

(1)等离子体激活时间对 PAW 杀灭 *P. deceptionensis* CM2 效果的影响

将 0.1 mL *P. deceptionensis* CM2 菌悬液分别加入装有 0.9 mL PAW30、PAW60 和 PAW90 的离心管中，振荡混匀并于室温处理 6 min。取 100 μL 处理后

的菌液,以无菌生理盐水进行梯度稀释后涂布于平板计数琼脂培养基(plate count agar,PCA),于25℃培养48 h后进行菌落计数,评价大气压等离子体射流激活时间对所制备PAW杀灭*P. deceptionensis* CM2效果的影响,结果见图2-8。

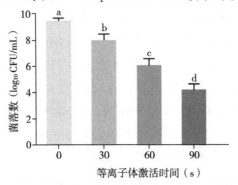

图2-8　等离子体激活时间对PAW杀灭*P. deceptionensis* CM2效果的影响
误差线上标注不同字母表示各组差异显著(Ducan检验,$p<0.05$)

由图2-8可知,*P. deceptionensis* CM2的活菌数量随大气压等离子体射流激活时间的延长而显著降低($p<0.05$)。经PAW30、PAW60和PAW90处理6 min后,*P. deceptionensis* CM2的活菌数分别减少了1.54、3.43和5.30个对数。综合考虑,采用PAW60用于后续实验研究。

(2)处理时间对PAW杀灭*P. deceptionensis* CM2效果的影响

将0.1 mL *P. deceptionensis* CM2菌悬液加入装有0.9 mL PAW60的离心管中,振荡混匀并于室温处理不同时间(0、2、4、6、8和10 min)。取100 μL处理后的菌液,以无菌生理盐水进行梯度稀释,采用PCA平板进行菌落计数,结果见图2-9。

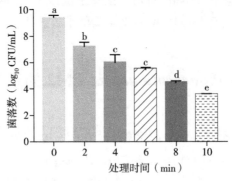

图2-9　处理时间对PAW60杀灭*P. deceptionensis* CM2的影响
误差线上标注不同字母表示各组差异显著(Ducan检验,$p<0.05$)

由图 2-9 可知,当处理时间为 0~10 min 时,*P. deceptionensis* CM2 的活菌数随 PAW60 处理时间的延长而显著降低($p<0.05$)。经 PAW60 处理 10 min 后,*P. deceptionensis* CM2 的活菌数量下降了 5.78 $\log_{10}$ CFU/mL。以上结果表明,PAW 能够有效杀灭 *P. deceptionensis* CM2,且其杀菌效果与 PAW 制备时间和处理时间等因素有关。

(3)PAW 处理对 *P. deceptionensis* CM2 细胞活力的影响

采用噻唑蓝(MTT)法测定 *P. deceptionensis* CM2 经 PAW60 处理后胞内脱氢酶活性变化。*P. deceptionensis* CM2 菌悬液经 PAW 处理不同时间(0、2、4、6、8 和 10 min),接种于 96 孔培养板,每孔 100 μL,各浓度组设计 8 个复孔,加入 MTT (0.5 mg/mL,每孔 100 μL)继续孵育 4 h,弃去上清液,每孔加入 100 μL 的二甲亚砜(DMSO),于 25℃、80 r/min 振荡使结晶充分溶解,于酶标仪上测定 570 nm 处的 OD 值。细胞相对活性计算公式如式(2-1):

$$细胞相对活性(\%)=\frac{A_1}{A_0}\times100\% \tag{2-1}$$

式中:A_1 为处理组在 570 nm 处的 OD 值;A_0 为对照组在 570 nm 处的 OD 值。

MTT 可透过细胞膜进入细胞内。在细菌细胞中,MTT 被存在于质膜和间体中的脱氢酶还原成不溶于水的蓝紫色结晶(formazan)并沉积在细胞中(图 2-10)。在一定范围内,蓝紫色结晶颗粒形成的量与细菌细胞脱氢酶活性有关,也与细菌细胞数量成正比。由图 2-11 可知,当处理时间为 0~10 min 时,*P. deceptionensis* CM2 细胞的相对活力随 PAW60 处理时间的延长而显著降低($p<0.05$)。与对照组相比(100%),经 PAW60 处理 10 min 后,*P. deceptionensis* CM2 的相对细胞活力降低至 43.72%,这与 PAW60 对 *P. deceptionensis* CM2 平板计数杀菌效果的变化趋势相一致(图 2-9)。以上结果表明,经 PAW 处理后,*P. deceptionensis* CM2 胞内脱氢酶活性显著降低。

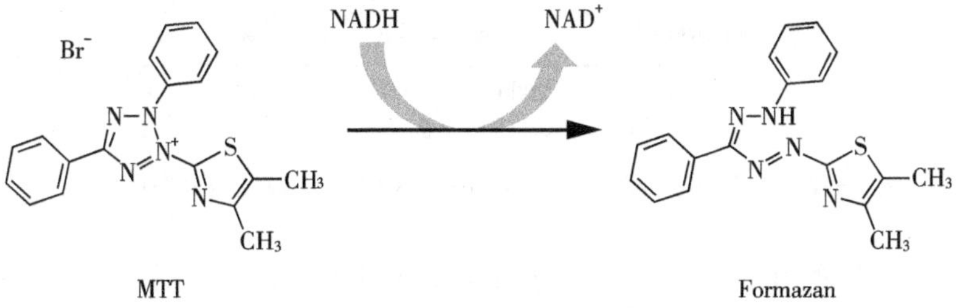

图 2-10　MTT 法实验原理

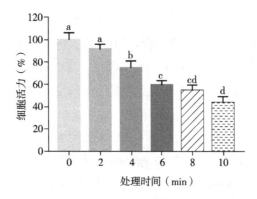

图 2-11　MTT 法评价 PAW60 处理对 *P. deceptionensis* CM2 细胞活力的影响
误差线上标注不同字母表示各组差异显著(Ducan 检验,$p<0.05$)

2.2.2　PAW 失活 *P. deceptionensis* CM2 的作用机制

(1)PAW 对 *P. deceptionensis* CM2 细胞平均粒径分布的影响

P. deceptionensis CM2 菌悬液经 PAW60 处理不同时间(0～10 min)后,采用 NANO-ZS90 型纳米粒度表面电位分析仪(英国 Malvern 公司)测定经过各处理组细胞的粒径,结果分布见图 2-12 和表 2-1。

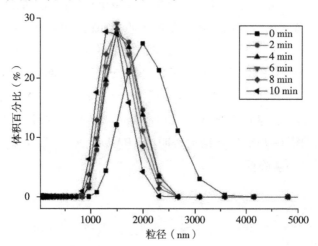

图 2-12　PAW60 处理对 *P. deceptionensis* CM2 细胞粒径分布的影响

由图 2-12 和表 2-1 可知,与对照组相比,PAW60 处理后 *P. deceptionensis* CM2 细胞平均粒径显著降低($p<0.05$)。经 PAW60 处理 2、4、6、8 和 10 min 后,与未处理组细胞相比(1665.33 nm),*P. deceptionensis* CM2 细胞平均粒径分别显

著降低至 1405. 67、1401. 33、1399. 67、1382. 67 和 1364. 33 nm($p<0.05$),但随着 PAW60 处理时间的延长(2~10 min),$P. deceptionensis$ CM2 平均粒径未发生显著变化($p>0.05$)。

表 2-1　PAW60 处理对 $P. deceptionensis$ CM2 细胞粒径的影响

处理时间(min)	粒径(nm)
0	1665. 33±100. 83[a]
2	1405. 67±77. 52[b]
4	1401. 33±55. 43[b]
6	1399. 67±53. 41[b]
8	1382. 67±43. 66[b]
10	1364. 33±17. 79[b]

注:同列字母不同表示差异显著(LSD 法,$p<0.05$)。

综合以上分析可知,PAW60 处理能够显著降低 $P. deceptionensis$ CM2 细胞平均粒径,这可能与其破坏了细菌细胞结构、造成细胞破碎等有关。

(2)PAW 对 $P. deceptionensis$ CM2 细胞形态的影响

$P. deceptionensis$ CM2 菌悬液经 PAW60 处理 10 min 后,依次经固定、脱水、烘干、喷金等处理,采用 JSM-7001F 型场发射扫描电子显微镜(日本 JEOL 公司)观察细胞形态变化,结果见图 2-13。

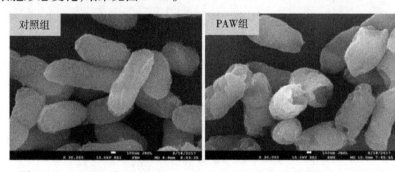

图 2-13　PAW60 处理对 $P. deceptionensis$ CM2 细胞形态的影响(×30000)

由图 2-13 可知,未处理的 $P. deceptionensis$ CM2 呈短棒状,形态完好,外形规则;而经 PAW60 处理 10 min 后,$P. deceptionensis$ CM2 细胞形态发生明显变化,主要变现为细胞皱缩、表面粗糙并出现褶皱和细胞破裂。以上研究结果表明,PAW60 处理可以破坏 $P. deceptionensis$ CM2 细胞形态和结构,进而影响其正常的代谢活动。

（3）PAW 对 *P. deceptionensis* CM2 细胞膜完整性的影响

微生物细胞和外环境之间进行着活跃的物质交换，细胞膜的完整性对保证细胞生命活动的正常进行有着极其重要的作用。通过测定 PAW 处理后细菌上清液中的核酸及蛋白质含量来评价 PAW 处理对 *P. deceptionensis* CM2 细胞膜完整性的影响。*P. deceptionensis* CM2 菌悬液经 PAW60 处理不同时间后，于 12000 r/min、4℃离心 2 min 并收集上清。采用 Nano Drop 2000 超微量分光光度计（美国 Thermo Scientific 公司）测定上清液中核酸及蛋白含量（$\mu g/mL$），结果见图 2-14 和图 2-15。

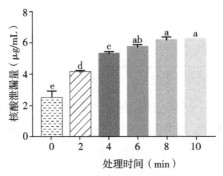

图 2-14　PAW60 处理对 *P. deceptionensis* CM2 胞外核酸含量的影响
误差线上标注不同字母表示各组差异显著（Ducan 检验，$p<0.05$）

由图 2-14 可知，与未处理组细胞相比，随 PAW60 处理时间的延长（0~10 min），PAW60 处理组 *P. deceptionensis* CM2 细胞上清液中的核酸含量显著升高（$p<0.05$），当处理时间为 10 min 时，胞外核酸含量由对照组的 2.47 $\mu g/mL$ 显著增加到 6.3 $\mu g/mL$（$p<0.05$）。

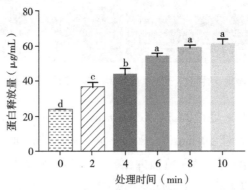

图 2-15　PAW60 处理对 *P. deceptionensis* CM2 胞外蛋白含量的影响
误差线上标注不同字母表示各组差异显著（Ducan 检验，$p<0.05$）

由图 2-15 可知,随 PAW60 处理时间的延长(0~10 min),*P. deceptionensis* CM2 的胞外蛋白释放量呈上升趋势。与未处理组细胞相比,PAW60 处理组 *P. deceptionensis* CM2 细胞上清液中的蛋白含量显著增加($p<0.05$)。当处理时间 10 min 时,胞外蛋白含量由对照组的 23.3 μg/mL 显著增加到 61.0 μg/mL($p<0.05$)。综上所述,PAW60 处理可显著增加 *P. deceptionensis* CM2 胞内核酸和蛋白质等内容物的泄露,其泄露量随 PAW 处理时间的延长而逐渐升高。以上结果表明,PAW60 处理破坏了 *P. deceptionensis* CM2 细胞膜完整性,造成核酸、蛋白质等胞内物质释放到胞外,从而直接影响细菌的正常物质代谢功能,最终导致细胞死亡。

(4)PAW 对 *P. deceptionensis* CM2 细胞内膜通透性的影响

碘化丙啶(propidium iodide,PI)是一种核酸荧光染料,本身不能通过完整的细胞膜。当细菌细胞膜受到损伤时,PI 能透过细胞内膜进入细胞内部与核酸结合,从而产生红色荧光。因此,可以用细胞内 PI 的摄入量评价细胞内膜的完整性。*P. deceptionensis* CM2 菌悬液经 PAW60 处理不同时间(0、2、4、6、8 和 10 min)后,加入终浓度为 3.0 μmol/L 的 PI 溶液并置于室温暗处孵育 10 min,于 4℃、8000×g 离心 10 min,弃去上清液,菌体用 0.85% 无菌生理盐水洗涤 2 次,采用 F-7000 型荧光分光光度计(日本 Hitachi 公司)测定荧光强度,激发波长设为 520 nm,发射光波长设为 601 nm,狭缝宽度为 5 nm,以未处理的样品为空白对照。采用式(2-2)计算细胞内膜相对通透性:

$$细胞内膜相对通透性(\%) = \frac{F_1}{F_0} \times 100\% \qquad (2-2)$$

式中:F_1 为处理组细胞荧光强度;F_0 为对照组细胞荧光强度。

由图 2-16 可知,与未处理组细胞相比,经 PAW60 处理后,*P. deceptionensis* CM2 的 PI 相对荧光值显著增加($p<0.05$)。当处理时间为 2~8 min 时,随着 PAW60 处理

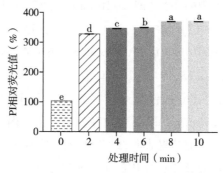

图 2-16 PAW60 处理对 *P. deceptionensis* CM2 细胞内膜通透性的影响
误差线上标注不同字母表示各组差异显著(Ducan 检验,$p<0.05$)

时间的延长,PI 的相对荧光值逐渐增强;当处理时间为 10 min 时,与对照组细胞相比,PAW60 处理组 $P.\ deceptionensis$ CM2 细胞的 PI 相对荧光值升高了 2.71 倍。

以上研究结果表明,PAW60 处理造成 $P.\ deceptionensis$ CM2 细胞内膜通透性增大,进而导致核酸、蛋白等胞内物质释放到胞外(见图 2-14 和图 2-15),这可能是 PAW 失活 $P.\ deceptionensis$ CM2 的重要机制之一。

(5)PAW 对 $P.\ deceptionensis$ CM2 细胞外膜通透性的影响

N-苯基-1-萘胺(N-Phenyl-1-naphthylamine,NPN)是一种疏水性的荧光探针,广泛应用于革兰氏阴性细菌细胞外膜渗透性的测定。NPN 在水溶液中只能发出微弱的荧光,但当进入磷脂等非极性或疏水介质时,其荧光强度增强。细胞外膜作为生物膜的一种独特结构,具有阻碍细胞外染料、NPN 等疏水性化合物进入细胞内的能力。通常情况下,NPN 被革兰氏阴性细菌细胞外膜上的脂多糖层隔离在外,但是当细胞外膜的结构发生改变后,NPN 就可以渗透进入细胞,定位于细胞外膜与内膜之间的疏水环境,从而发出荧光。基于这一原理,通过测定NPN 的荧光强度评价 PAW 对 $P.\ deceptionensis$ CM2 细胞外膜通透性的影响。$P.\ deceptionensis$ CM2 菌悬液经 PAW60 处理不同时间(0、2、4、6、8 和 10 min)后,于4℃、8000×g 离心 10 min,加入 1.0 mL HEPES 缓冲液(5 mmol/L、pH 7.2)重悬,再加入 20 μL NPN 储备液(终浓度为 10 μmol/L)并置于室温暗处孵育 10 min,采用 F-7000 型荧光分光光度计测定荧光强度,激发波长为 350 nm,发射光波长为401 nm,狭缝宽度为 5 nm,以未处理的样品为空白对照。细胞膜外膜相对通透率计算公式如式(2-3):

$$细胞膜外膜相对通透率(\%) = \frac{F_1}{F_0} \times 100\% \tag{2-3}$$

式中:F_1 为处理组荧光强度;F_0 为对照组荧光强度。

由图 2-17 可知,经 PAW60 处理 2~10 min 后,$P.\ deceptionensis$ CM2 细胞中NPN 的荧光强度显著增强($p<0.05$),这与 PI 染色结果相一致(图 2-16)。经PAW60 处理 2、4、6、8 和 10 min 后,$P.\ deceptionensis$ CM2 细胞中 NPN 荧光强度分别升高了 2.14、4.11、6.13、10.2 和 13.0 倍。将 $P.\ deceptionensis$ CM2 活菌数与 NPN 荧光强度值之间建立线性关系曲线。如图 2-18 所示,经 PAW60 处理2~10 min 后,$P.\ deceptionensis$ CM2 活菌数在一定的范围内与菌悬液细胞 NPN 荧光强度值呈线性相关。以上结果表明,PAW60 能够损伤 $P.\ deceptionensis$ CM2 细胞外膜,这可能是 PAW 发挥杀菌作用的重要机制之一。

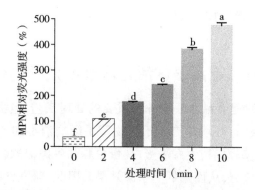

图 2-17　PAW60 处理对 *P. deceptionensis* CM2 细胞膜外膜通透性的影响
误差线上标注不同字母表示各组差异显著(Ducan 检验,$p<0.05$)

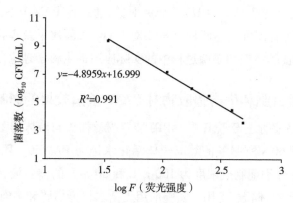

图 2-18　*P. deceptionensis* CM2 活菌数与 NPN 荧光强度的相关性

2.2.3　结论与展望

　　PAW 处理能显著失活纯培养体系中的 *P. deceptionensis* CM2($p<0.05$)。经 PAW60 处理 10 min 后,*P. deceptionensis* CM2 的活菌数下降了 5.78 $\log_{10}$ CFU/mL。此外,随 PAW60 处理时间的延长(0~10 min),*P. deceptionensis* CM2 细胞平均粒径降低,细胞表面出现褶皱,细胞内膜和外膜发生损伤,胞内核酸和蛋白质等物质释放到胞外,这可能是 PAW 发挥杀菌作用的重要机制。上述研究仅从细胞生物学角度揭示了 PAW 失活 *P. deceptionensis* CM2 的作用机制,在今后的研究工作中,应进一步采用转录组学、蛋白质组学等技术手段从分子层面系统揭示 PAW 失活 *P. deceptionensis* CM2 的作用机制,为 PAW 在各领域的实际应用提供理论依据;PAW 中含有多种活性物质,具体哪一种活性组分起主导作用尚不明确。因此,还应明确 PAW 主要杀菌因子及其生成规律,并构建主要杀菌因子的定向

调控方法,以增强 PAW 的杀菌效能。

2.3　有机物对等离子体活化水杀菌效果的影响及机制

清洗和杀菌处理是食品工厂中非常重要的处理工艺,但蛋白质等食品组分的渗出、砧板食物残渣、环境中有机干扰物等是影响消毒和杀菌效果的重要因素。已有研究证实,鸡血清、牛血清蛋白、蛋白胨和牛肉提取物等有机物能中和电解水中的有效氯成分,从而降低其杀菌效果。因此,研究食品组分对 PAW 杀菌效果的影响对于推动其实际应用具有重要意义。然而,关于蛋白质等食品组分影响 PAW 杀菌效果的研究报道相对较少,因此,以 P. deceptionensis CM2、金黄色葡萄球菌和大肠杆菌 O157：H7 为研究对象,通过在 PAW 中添加不同浓度蛋白胨和牛肉提取物,评价上述两种有机物对 PAW 杀菌效果及理化特性的影响,以期为 PAW 在食品清洗和杀菌过程中的实际应用提供科学理论依据。

2.3.1　蛋白胨和牛肉提取物对 PAW 杀菌效果的影响

将 200 mL 无菌水置于烧杯中,APPJ 装置喷射探头与液体间距为 5 mm,经等离子体放电处理 60 s 所制备的等离子体活化水记为 PAW60。用超纯水将蛋白胨和牛肉提取物分别配制成浓度为 100 g/L 和 50 g/L 的储备液,经 0.22 μm 滤膜过滤除菌并于 4℃储藏,备用。实验前用无菌水将蛋白胨和牛肉提取物储备液浓度分别稀释为 5.0、10.0、25.0 和 50.0 g/L,取 0.1 mL 上述有机物稀释液分别加入含有 0.9 mL PAW60 的离心管中并于室温下孵育 15 min(蛋白胨和牛肉提取物终浓度为 0.5、1.0、2.5 和 5.0 g/L)。取 0.1 mL P. deceptionensis CM2、金黄色葡萄球菌(S. aureus,GIM1.441)和大肠杆菌 O157：H7(E. coli O157：H7,CICC 10907)菌悬液分别加入含有 0.9 mL PAW60-有机物混合液的离心管中,混匀并室温反应 6 min。反应结束后,将上述反应液稀释至合适梯度,取 0.1 mL 上述稀释液加入 PCA 平板并涂布,置于 37℃培养箱中培养 24~48 h 并进行菌落计数,评价添加蛋白胨和牛肉提取物对 PAW 杀菌效果的影响。

(1)蛋白胨对 PAW 杀菌效果的影响

不同浓度蛋白胨对 PAW60 杀灭 P. deceptionensis CM2 效果的影响见图 2-19。由图 2-19 可知,随着蛋白胨添加浓度的升高,PAW60-蛋白胨混合液对 P. deceptionensis CM2 的杀菌效能逐渐降低($p<0.05$)。与对照组相比(初始菌落数为 8.47 $\log_{10}$ CFU/mL),当 PAW60 中添加蛋白胨终浓度为 0 g/L 时,

P. deceptionensis CM2 的活菌数为 4.63 $\log_{10}$ CFU/mL,其数量减少了 3.84 $\log_{10}$ CFU/mL($p<0.05$);当 PAW60 中添加终浓度为 0.5、1.0、2.5 和 5.0 g/L 的蛋白胨时,*P. deceptionensis* CM2 的活菌数分别减少了 3.33、2.40、1.52 和 1.28 $\log_{10}$ CFU/mL,均显著低于 PAW60 处理组(降低了 3.84 个对数)。

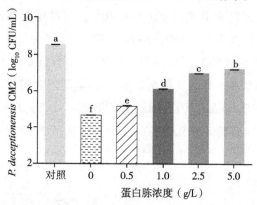

图 2-19　蛋白胨对 PAW60 杀灭 *P. deceptionensis* CM2 效果的影响
误差线上标注不同字母表示各组差异显著(Ducan 检验,$p<0.05$)

　　不同浓度蛋白胨对 PAW60 杀灭大肠杆菌 O157：H7 效果的影响见图 2-20。由图 2-20 可知,随着蛋白胨浓度的逐渐升高,PAW60-蛋白胨混合液对大肠杆菌 O157：H7 的杀菌效果逐渐降低($p<0.05$)。与对照组相比(大肠杆菌 O157：H7 初始菌落数为 8.63 $\log_{10}$ CFU/mL),当 PAW60 中添加蛋白胨终浓度为 0 g/L 时,大肠杆菌 O157：H7 的活菌数为 4.93 $\log_{10}$ CFU/mL,降低了 3.70 $\log_{10}$ CFU/mL($p<0.05$);当 PAW 中添加蛋白胨终浓度为 0.5、1.0、2.5 和 5.0 g/L 时,大肠杆

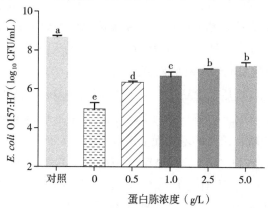

图 2-20　蛋白胨对 PAW60 杀灭大肠杆菌 O157：H7 效果的影响
误差线上标注不同字母表示各组差异显著(Ducan 检验,$p<0.05$)

菌 O157：H7 的活菌数分别减少 2.33、1.99、1.60 和 1.46 $\log_{10}$ CFU/mL($p<0.05$)，但均显著低于 PAW60 处理组(降低了 3.70 个对数)。

不同浓度蛋白胨对 PAW60 杀灭金黄色葡萄球菌效果的影响如图 2-21 所示。由图 2-21 可知,PAW60-蛋白胨混合液对金黄色葡萄球菌的杀菌效果随着蛋白胨添加浓度的升高而显著降低($p<0.05$)。与对照组相比(初始菌落数为 8.49 $\log_{10}$ CFU/mL),当 PAW60 中添加蛋白胨终浓度为 0 g/L 时,金黄色葡萄球菌的活菌数为 6.16 $\log_{10}$ CFU/mL,降低了 2.33 个对数($p<0.05$),当 PAW60 中添加蛋白胨终浓度为 0.5、1.0、2.5 和 5.0 g/L 时,金黄色葡萄球菌的活菌数分别为 6.99、6.95、7.35 和 7.70 $\log_{10}$ CFU/mL,分别降低了 1.50、1.54、1.14 和 0.79 个对数($p<0.05$),但均显著低于 PAW60 处理组(降低了 2.33 个对数)。

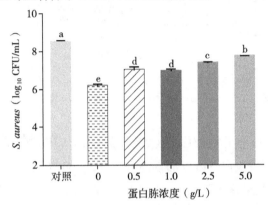

图 2-21　蛋白胨对 PAW60 杀灭金黄色葡萄球菌效果的影响
误差线上标注不同字母表示各组差异显著(Ducan 检验,$p<0.05$)

综上所述,随着蛋白胨添加量的增加,PAW-蛋白胨混合液对 *P. deceptionensis* CM2、大肠杆菌 O157：H7 和金黄色葡萄球菌的杀菌效果显著降低($p<0.05$),表明蛋白胨减弱了 PAW60 对微生物的杀灭效果。

(2)牛肉提取物对 PAW 杀菌效果的影响

不同浓度牛肉提取物对 PAW60 杀灭 *P. deceptionensis* CM2 效果的影响见图 2-22。由图 2-22 可知,PAW60-牛肉提取物混合液对 *P. deceptionensis* CM2 的杀菌效果随着牛肉提取物浓度的增加而显著降低($p<0.05$)。与对照组相比(初始菌落数为 8.47 $\log_{10}$ CFU/mL),当 PAW60 中添加牛肉提取物终浓度为 0 g/L 时, *P. deceptionensis* CM2 的活菌数为 4.63 $\log_{10}$ CFU/mL,降低了 3.84 个对数($p<0.05$),当 PAW 中添加牛肉提取物终浓度为 0.5、1.0、2.5 和 5.0 g/L 时, *P. deceptionensis* CM2 的活菌数分别为 5.68、6.36、7.26 和 7.42 $\log_{10}$ CFU/mL,其

数量分别显著减少了 2.79、2.11、1.21 和 1.05 个对数($p<0.05$),但均显著低于 PAW60 处理组(降低了 3.84 个对数)。

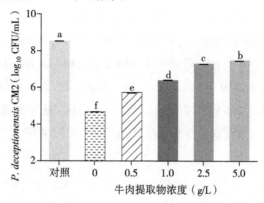

图 2-22 牛肉提取物对 PAW60 杀灭 *P. deceptionensis* CM2 效果的影响
误差线上标注不同字母表示各组差异显著(Ducan 检验,$p<0.05$)

不同浓度牛肉提取物对 PAW60 杀灭大肠杆菌 O157:H7 效果的影响见图 2-23。由图 2-23 可知,PAW60-牛肉提取物混合液对大肠杆菌 O157:H7 的杀菌效果随着牛肉提取物浓度的增加而显著降低($p<0.05$)。与对照组相比(8.63 $\log_{10}$ CFU/mL),当 PAW 中添加牛肉提取物终浓度为 0 g/L 时,大肠杆菌 O157:H7 的活菌数为 4.93 $\log_{10}$ CFU/mL,降低了 3.70 个对数($p<0.05$),当 PAW60 中添加牛肉提取物终浓度为 0.5、1.0、2.5 和 5.0 g/L 时,大肠杆菌 O157:H7 的活菌数分别为 5.81、6.74、7.66 和 7.80 $\log_{10}$ CFU/mL,其数量分别显著减少了 2.82、1.89、0.97 和 0.83 个对数($p<0.05$),但均显著低于 PAW60 处理组(降低了 3.70 个对数)。

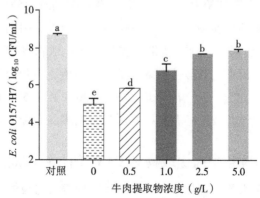

图 2-23 牛肉提取物对 PAW60 杀灭大肠杆菌 O157:H7 效果的影响
误差线上标注不同字母表示各组差异显著(Ducan 检验,$p<0.05$)

不同浓度牛肉提取物对 PAW60 杀灭金黄色葡萄球菌效果的影响见图 2-24。由图 2-24 可知,PAW60-牛肉提取物混合液对金黄色葡萄球菌的杀菌效果随着牛肉提取物浓度的增加而显著降低($p<0.05$)。与对照组相比($8.49 \log_{10}$ CFU/mL),当 PAW60 中添加牛肉提取物终浓度为 0 g/L 时,金黄色葡萄球菌的活菌数为 $6.16 \log_{10}$ CFU/mL,降低了 $2.33 \log_{10}$ CFU/mL($p<0.05$),当 PAW60 中添加牛肉提取物终浓度为 0.5、1.0、2.5 和 5.0 g/L 时,金黄色葡萄球菌的活菌数分别为 7.07、7.22、7.24 和 $7.30 \log_{10}$ CFU/mL,其数量分别显著减少了 1.42、1.27、1.25 和 1.19 个对数($p<0.05$),但均显著低于 PAW60 处理组(降低了 2.33 个对数)。

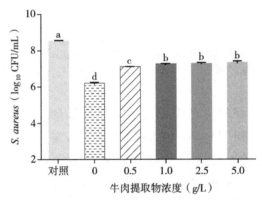

图 2-24　牛肉提取物对 PAW60 杀灭金黄色葡萄球菌效果的影响
误差线上标注不同字母表示各组差异显著(Ducan 检验,$p<0.05$)

以上研究结果表明,随着牛肉提取物添加量的增加,PAW60 对 *P. deceptionensis* CM2、大肠杆菌 O157：H7 和金黄色葡萄球菌的杀灭作用均显著降低,表明牛肉提取物的存在减弱了 PAW60 的杀菌活性。国内外研究证实,有机物质(如牛血清、鸡血清、蛋白胨、胰蛋白胨和牛肉提取物等)可显著降低次氯酸盐、二氧化氯等商业消毒剂和酸性电解水的杀菌活性。本研究结果发现,有机物的添加降低了 PAW 对 *P. deceptionensis* CM2、大肠杆菌 O157：H7 和金黄色葡萄球菌的杀菌效果,且杀菌效果随着有机物添加量的增加而降低。

2.3.2　蛋白胨和牛肉提取物对 PAW 理化性质的影响

将 200 mL 无菌水置于烧杯中,APPJ 装置喷射探头与液体间距为 5 mm,经等离子体放电处理 60 s 制备的等离子体活化水记为 PAW60。用超纯水将蛋白胨和牛肉提取物分别配制成浓度为 100 g/L 和 50 g/L 的储备液,经 0.22 μm 滤膜过滤除菌并于 4℃ 储藏，备用。试验前用无菌水将蛋白胨和牛肉提取物储备液浓度分别稀释为 5.0、10.0、25.0 和 50.0 g/L，取 0.1 mL 上述有机物稀释液分别加入含有 0.9 mL PAW60 的离心管中并于室温下孵育 15 min（蛋白胨和牛肉提取物终浓度为 0.5、1.0、2.5 和 5.0 g/L）。以 0.9 mL PAW60 与 0.1 mL 无菌去离子水（SDW）为对照。立即测定 PAW60、PAW60+SDW 和 PAW60−有机物混合液的 pH 值、ORP 及 H_2O_2、NO_2^- 的含量，结果见表 2-2~表 2-7。

（1）蛋白胨和牛肉提取物对 PAW 氧化还原电位的影响

ORP 是衡量溶液体系氧化性或还原性强弱的指标，与氧化剂的种类、浓度等因素有关。因此，ORP 也是用于评价 PAW 氧化性强弱的重要指标之一。蛋白胨和牛肉提取物对 PAW60 氧化还原电位的影响见表 2-2 和表 2-3。

表 2-2　蛋白胨对 PAW60 氧化还原电位的影响

分组	蛋白胨(g/L)	ORP(mV)
SDW	0	295.25±1.28[f]
PAW60	0	576.33±1.97[a]
PAW60+SDW（9∶1, *v/v*）	0	571.00±3.16[a]
PAW60+蛋白胨溶液（9∶1, *v/v*）	0.5	544.29±4.89[b]
PAW60+蛋白胨溶液（9∶1, *v/v*）	1.0	501.63±8.50[c]
PAW60+蛋白胨溶液（9∶1, *v/v*）	2.5	386.50±5.32[d]
PAW60+蛋白胨溶液（9∶1, *v/v*）	5.0	325.25±6.45[e]

注：同列字母不同表示差异显著（Ducan 法，$p < 0.05$）。

如表 2-2 和表 2-3 所示，未添加有机物时，与 SDW 相比较（其 ORP 值为 295.25 mV），PAW60 的 ORP 值显著增加至 576.33 mV（$p < 0.05$）；与 PAW60 组相比，PAW60+SDW 混合溶液的 ORP 值未发生显著变化（$p > 0.05$）。

表 2-3　牛肉提取物对 PAW60 氧化还原电位的影响

分组	牛肉提取物(g/L)	ORP(mV)
SDW	0	295.25±1.28[f]
PAW60	0	576.33±1.97[a]
PAW60+SDW（9∶1, *v/v*）	0	571.00±3.16[a]
PAW60+牛肉提取物溶液（9∶1, *v/v*）	0.5	534.00±5.07[b]
PAW60+牛肉提取物溶液（9∶1, *v/v*）	1.0	475.75±6.88[c]

分组	牛肉提取物(g/L)	ORP(mV)
PAW60+牛肉提取物溶液(9:1, v/v)	2.5	347.63±3.42[d]
PAW60+牛肉提取物溶液(9:1, v/v)	5.0	316.25±8.63[e]

注:同列字母不同表示差异显著(Ducan 法,$p<0.05$)。

由表 2-2 和表 2-3 可知,PAW60-有机物混合液的 ORP 值随有机物浓度的增加而显著降低($p<0.05$)。与未添加有机物组(PAW60+SDW)相比,当蛋白胨终浓度为 0.5、1.0、2.5 和 5.0 g/L 时,其 ORP 值分别降低了 26.71、69.37、184.50 和 245.75 mV(见表 2-2)。当牛肉提取物浓度终浓度为 0.5、1.0、2.5 和 5.0 g/L 时,其 ORP 值分别降低了 37.00、95.25、223.37 和 254.75 mV(见表 2-3)。因此,推测蛋白胨和牛肉提取物对 PAW 杀菌作用的降低可能与其 ORP 的下降有关。

(2)蛋白胨和牛肉提取物对 PAW 的 pH 值影响

蛋白胨和牛肉提取物对 PAW60 的 pH 值变化见表 2-4 和表 2-5。

表 2-4 蛋白胨对 PAW60 的 pH 值影响

分组	蛋白胨浓度(g/L)	pH
SDW	0	6.64±0.03[a]
PAW60	0	3.14±0.01[g]
PAW60+SDW(9:1, v/v)	0	3.20±0.01[f]
PAW60+蛋白胨溶液(9:1, v/v)	0.5	3.34±0.02[e]
PAW60+蛋白胨溶液(9:1, v/v)	1.0	3.49±0.02[d]
PAW60+蛋白胨溶液(9:1, v/v)	2.5	3.97±0.02[c]
PAW60+蛋白胨溶液(9:1, v/v)	5.0	4.35±0.02[b]

注:同列字母不同表示差异显著(Ducan 法,$p<0.05$)。

由表 2-4 和表 2-5 可知,SDW 和 PAW60 的 pH 值分别为 6.64 和 3.14,差异显著($p<0.05$);与 PAW 相比,PAW60+SDW 的 pH 值显著升高至 3.20($p<0.05$)。由表 2-4 可知,不同浓度蛋白胨添加到 PAW60 后,pH 的变化随蛋白胨浓度的增加而显著升高($p<0.05$)。与未添加蛋白胨组相比(蛋白胨浓度为 0 g/L),当蛋白胨终浓度为 0.5、1.0、2.5 和 5.0 g/L 时,其 pH 值分别升高至 3.34、3.49、3.97 和 4.35。

表 2-5　牛肉提取物对 PAW60 的 pH 值影响

分组	牛肉提取物浓度（g/L）	pH
SDW	0	6.64±6.4[a]
PAW60	0	3.14±0.01[g]
PAW60+SDW（9∶1，v/v）	0	3.20±0.01[f]
PAW60+牛肉提取物溶液（9∶1，v/v）	0.5	3.43±0.02[e]
PAW60+牛肉提取物溶液（9∶1，v/v）	1.0	3.69±0.01[d]
PAW60+牛肉提取物溶液（9∶1，v/v）	2.5	4.30±0.01[c]
PAW60+牛肉提取物溶液（9∶1，v/v）	5.0	4.79±0.01[b]

注：同列字母不同表示差异显著（Ducan 法，$p<0.05$）。

如表 2-5 所示，不同浓度牛肉提取物添加到 PAW60 后，pH 的变化随牛肉提取物浓度的增加而显著升高（$p<0.05$）。与未添加牛肉提取物组相比（牛肉提取物浓度为 0 g/L），当牛肉提取物终浓度为 0.5、1.0、2.5 和 5.0 g/L 时，其 pH 值分别升高至 3.43、3.69、4.30 和 4.79。以上结果表明，随着有机物浓度的不断增加，PAW60 的 pH 值显著升高（$p<0.05$）。

据相关研究报道，PAW 的酸化是与其含有的活性氧类物质和活性氮类物质等密切相关。等离子体与水之间发生了一系列复杂化学反应，生成了 H_2O_2、HNO_2 和 HNO_3 等酸性物质，进而造成 pH 的降低。蛋白胨和牛肉提取物含有肽和氨基酸等组分，在酸性条件下，肽和氨基酸的羧酸基团（—COO）会吸附氢离子，从而导致 pH 值升高。

（3）蛋白胨和牛肉提取物对 PAW 中 H_2O_2 和 NO_2^- 含量的影响

通常认为 PAW 中的 ·OH、O_2^-·、H_2O_2 和 O_3 等活性氧及 NO_2^-、NO_3^- 等活性氮在其失活微生物过程中发挥了关键性作用。PAW60-有机物混合液中 H_2O_2 含量的变化见表 2-6 和表 2-7。

表 2-6　蛋白胨对 PAW60 中 H_2O_2 和 NO_2^- 含量的影响

分组	蛋白胨浓度（g/L）	H_2O_2（μmol/L）	NO_2^-（μmol/L）
SDW	0	ND	ND
PAW60	0	27.80±0.95[a]	1177.23±10.96[a]
PAW60+SDW（9∶1，v/v）	0	25.02±0.40[b]	994.75±7.17[b]
PAW60+蛋白胨溶液（9∶1，v/v）	0.5	25.84±0.48[b]	996.08±18.94[b]

续表

分组	蛋白胨浓度(g/L)	$H_2O_2(\mu mol/L)$	$NO_2^-(\mu mol/L)$
PAW60+蛋白胨溶液(9:1, v/v)	1.0	25.75 ± 0.19^b	941.03 ± 2.59^c
PAW60+蛋白胨溶液(9:1, v/v)	2.5	25.41 ± 0.42^b	936.37 ± 7.33^c
PAW60+蛋白胨溶液(9:1, v/v)	5.0	25.51 ± 0.64^b	812.05 ± 7.10^d

注:同列字母不同表示差异显著(Ducan 法,$p<0.05$)。

由表 2-6 和 2-7 可知,PAW60 的 H_2O_2 含量由对照组(SDW)的 0 $\mu mol/L$ 显著增加至 27.80 $\mu mol/L$($p<0.05$)。不同浓度蛋白胨和牛肉提取物添加到 PAW60 后,与 PAW60 相比,其 H_2O_2 含量显著降低($p<0.05$)。与 PAW60 相比,当蛋白胨终浓度为 5 g/L 时,其 H_2O_2 含量由 27.80 $\mu mol/L$ 显著降低至 25.51 $\mu mol/L$(见表 2-6)。当牛肉提取物终浓度为 5 g/L 时,其 H_2O_2 含量由 27.80 $\mu mol/L$ 显著降低至 25.70 $\mu mol/L$(见表 2-7)。但当上述两种有机物浓度范围为 0.5~5.0 g/L 时,PAW60-有机物混合液中 H_2O_2 含量均未发生显著变化($p>0.05$)。

表 2-7 牛肉提取物对 PAW60 中 H_2O_2 和 NO_2^- 含量的影响

分组	牛肉提取物浓度(g/L)	$H_2O_2(\mu mol/L)$	$NO_2^-(\mu mol/L)$
SDW	0	ND	ND
PAW60	0	27.80 ± 0.95^a	1177.23 ± 10.96^a
PAW60+SDW(9:1, v/v)	0	25.02 ± 0.40^b	994.75 ± 7.17^b
PAW60+牛肉提取物溶液(9:1, v/v)	0.5	25.02 ± 0.27^b	838.69 ± 9.97^c
PAW60+牛肉提取物溶液(9:1, v/v)	1.0	25.07 ± 0.19^b	826.92 ± 2.13^d
PAW60+牛肉提取物溶液(9:1, v/v)	2.5	25.75 ± 0.19^b	801.84 ± 6.56^e
PAW60+牛肉提取物溶液(9:1, v/v)	5.0	25.70 ± 0.13^b	798.51 ± 5.29^e

注:同列字母不同表示差异显著(Ducan 法,$p<0.05$)。

PAW60-有机物混合液中 NO_2^- 含量的变化如表 2-6 和 2-7 所示。由表 2-6 和 2-7 可知,PAW60 中的 NO_2^- 含量为 1177.23 $\mu mol/L$,显著高于 SDW(0 $\mu mol/L$,$p<0.05$)。与 PAW60 相比,未添加有机物组(PAW60+SDW)的 NO_2^- 含量显著降低至 994.75 $\mu mol/L$($p<0.05$)。与 PAW60 相比,上述两种有机物添加到 PAW60 后,其 NO_2^- 含量均显著降低($p<0.05$)。随着上述蛋白胨和牛肉提取物添加浓度的升高,PAW60-有机物混合液的 NO_2^- 含量显著降低($p<0.05$)。与未添加有机物组相比(PAW60+SDW,其 NO_2^- 含量为 994.75 $\mu mol/L$),当蛋白胨终浓度为

0.5、1.0、2.5 和 5.0 g/L 时,其 NO_2^- 含量分别降低至 996.08、941.03、936.37 和 812.05 μmol/L(见表2-6);当牛肉提取物浓度终浓度为 0.5、1.0、2.5 和 5.0 g/L 时,其 NO_2^- 含量分别降低至 838.69、826.92、801.84 和 798.51 μmol/L(见表2-7)。

在等离子体放电过程中,在气相和液相会产生多种 ROS 和 RNS,如羟基自由基($\cdot$OH)、氢自由基($\cdot$H)、超氧阴离子自由基($O_2 \cdot^-$)、单线态分子氧($^1O_2$)、臭氧(O_3)、H_2O_2、一氧化氮自由基($\cdot$NO)、NO_2^-、NO_3^- 和过氧亚硝酸基阴离子($ONOO^-$)等。目前,国内外学者普遍认为,以上化学活性物质在酸化条件下的协同效应是影响 PAW 杀菌效果的主要因素。有机物与 PAW 中上述活性物质之间的相互作用可能是其降低 PAW 杀菌效果的重要原因。类似研究发现,含氮化合物与有效氯之间发生的氯化和氧化反应是造成氯化合物抗微生物活性降低的主要原因。此外,有机物质的存在可能引起反应混合物的物理化学性质的变化,例如 pH、ORP、黏度和表面张力活性等。

2.3.3 结论与展望

由以上研究结果可知,随着蛋白胨和牛肉提取物添加量的增加,PAW60-有机物混合液的 pH 值显著升高($p<0.05$),ORP 值和 NO_2^- 含量显著降低($p<0.05$),但 H_2O_2 含量无显著性变化($p>0.05$),因此,上述理化性质的变化可能是造成 PAW 杀菌效果降低的原因。有机物的存在降低了 PAW 的杀菌效果,一方面可能是因为有机物附着在细胞表面,阻止或延迟了杀菌物质与细胞的接触;另一方面可能是有机物消耗了部分杀菌物质,从而降低了 PAW 杀菌效果。在今后研究中,还需进一步阐述有机物对 PAW 杀菌活性降低的作用机制。

参考文献

[1] LIAO L B, CHEN W M, XIAO X M. The generation and inactivation mechanism of oxidation–reduction potential of electrolyzed oxidizing water[J]. Journal of Food Engineering, 2007, 78(4): 1326-1332.

[2] BURLICA R, GRIM R G, SHIH K Y, et al. Bacteria inactivation using low power pulsed gliding arc discharges with water spray[J]. Plasma Processes & Polymers, 2010, 7(8): 640-649.

[3] OEHMIGEN K, HAHNEL M, BRANDENBURG R, et al. The role of acidification for antimicrobial activity of atmospheric pressure plasma in liquids[J]. Plasma

Processes and Polymers, 2010, 7(3-4): 250-257.

[4] CHOI E J, PARK H W, KIM S B, et al. Sequential application of plasma-activated water and mild heating improves microbiological quality of ready-to-use shredded salted kimchi cabbage (*Brassica pekinensis* L.) [J]. Food Control, 2019, 98: 501-509.

[5] MAEDA Y, IGURA N, SHIMODA M, et al. Bactericidal effect of atmospheric gas plasma on *Escherichia coli* K12[J]. International Journal of Food Science & Technology, 2003, 38(8): 889-892.

[6] LUKES P, CLUPEK M, BABICKY V, et al. Ultraviolet radiation from the pulsed corona discharge in water[J]. Plasma Sources Science and Technology, 2008, 17(2): 024012.

[7] LIU F, SUN P, BAI N, et al. Inactivation of bacteria in an aqueous environment by a direct-current, cold-atmospheric-pressure air plasma microjet[J]. Plasma Processes & Polymers, 2010, 7(3-4): 231-236.

[8] NAÏTALI M, KAMGANG-YOUBI G, HERRY J M, et al. Combined effects of long-living chemical species during microbial inactivation using atmospheric plasma-treated water[J]. Applied and Environmental Microbiology, 2010, 76 (22): 7662-7664.

[9] HELANDER I M, MATTILA-SANDHOLM T. Fluorometric assessment of gram-negative bacterial permeabilization[J]. Journal of Applied Microbiology, 2000, 88(2): 213-219.

[10] AYEBAH B, HUNG Y C, KIM C, et al. Efficacy of electrolyzed water in the inactivation of planktonic and biofilm *Listeria monocytogenes* in the presence of organic matter[J]. Journal of Food Protection, 2006, 69(9): 2143-2150.

[11] PARK E J, ALEXANDER E, TAYLOR G A, et al. The decontaminative effects of acidic electrolyzed water for *Escherichia coli* O157:H7, *Salmonella* typhimurium, and *Listeria monocytogenes* on green onions and tomatoes with differing organic demands[J]. Food Microbiology, 2009, 26(4): 386-390.

[12] JO H Y, TANGO C N, OH D H. Influence of different organic materials on chlorine concentration and sanitization of slightly acidic electrolyzed water[J]. LWT-Food Science and Technology, 2018, 92: 187-194.

[13] THIRUMDAS R, KOTHAKOTA A, ANNAPURE U, et al. Plasma activated

water（PAW）：Chemistry，physico-chemical properties，applications in food and agriculture［J］. Trends in Food Science & Technology，2018，77：21-31.

［14］SU X，TIAN Y，ZHOU H Z，et al. Inactivation efficacy of nonthermal plasma-activated solutions against newcastle disease virus［J］. Applied and Environmental Microbiology，2018，84（9）：UNSP e02836-17. Doi：10.1128/AEM. 02836-17.

［15］ULRICH J A. Antimicrobial efficacy in the presence of organic matter［M］，Skin microbiology. Springer，New York，NY，1981：149-157.

［16］BRUGGEMAN P J，KUSHNER M J，LOCKE B R，et al. Plasma-liquid interactions：A review and roadmap［J］. Plasma Sources Science & Technology，2016，25（5）：053002.

3 等离子体活化水协同杀菌技术

作为一种新型非热杀菌技术,等离子体活化水(plasma - activated water, PAW)在农业生产、食品保鲜等领域的应用受到广泛关注。PAW虽然具有一定的杀菌效能,但其对酵母、霉菌等的杀灭能力较弱,同时蛋白质等食品组分显著降低其对微生物的杀灭效果,严重制约了其在食品保鲜领域的实际应用。基于栅栏效应,将PAW与温热、防腐剂等联合使用,构建具有协同增效作用的联合杀菌技术,对于推动其在食品保鲜领域的实际应用具有重要意义。本章主要研究了PAW与温热、防腐剂和表面活性剂等协同处理对微生物的杀灭效果,通过分析微生物细胞形态变化、细胞膜完整性、胞内活性氧水平等指标,阐明其协同杀灭微生物的作用机制,研究成果将为PAW协同杀菌处理新技术的开发及实际应用提供科学依据。

3.1 栅栏技术与协同杀菌技术概述

随着生活水平的提高,消费者对食品品质和安全的要求越来越高。造成食品品质劣变的原因很多,主要包括理化、生化和微生物等,其中最重要的是由微生物引起的食品腐败变质。食品防腐保鲜的原理就是采用各种方法防止微生物污染、杀灭或抑制微生物生长繁殖,从而使食品在尽可能长的时间内保持其原有的营养组分及感官品质。随着对食品防腐保鲜研究的深入,研究发现冷藏、气调包装、添加防腐剂等单一技术的应用难以达到令人满意的保藏效果。因此,必须综合运用不同的方法或方法组合才能有效杀灭微生物或抑制其在食品中的生长繁殖,从而达到延长食品货架期的目的。在此方面,目前研究的热点是栅栏因子理论。

3.1.1 栅栏技术

栅栏技术(hurdle technology)最初由德国肉类食品专家 Lothar Leistner 于1978年率先提出来的,是将多种技术科学合理地结合在一起提高产品保质期的综合保藏方法。其作用机制是利用可防止致病菌和病原菌生长繁殖的各个因素及其交互作用来抑制微生物的生长繁殖,进而保证食品品质并提高其安全性和储藏性。目前,栅栏技术已广泛应用于肉及肉制品、水产品、乳制品、果蔬等加工储藏领域。

(1)栅栏因子

栅栏技术是在食品加工贮藏过程中通过控制多种工艺来保障产品的营养和安全品质,而多个控制点又被称为栅栏因子(hurdle factor)。食品的防腐保藏是一项综合而复杂的工程,食品保藏中涉及的栅栏因子有100多个,主要包括温度(高温或低温)、水分活度(a_w)、氧化还原电位、防腐剂(如亚硝酸盐、山梨酸酯、亚硫酸盐等)、竞争性微生物(如乳酸菌等)、高压、辐照等。

(2)栅栏效应

栅栏因子单独或相互作用,形成特有的防止食品腐败变质的"栅栏",决定着食品中微生物稳定性,抑制引起食品氧化变质的酶类物质的活性,即所谓的栅栏效应(hurdle effect)。在实际生产中,运用不同的栅栏因子,合理地将不同的栅栏因子进行组合,发挥其协同作用,发挥不同栅栏因子的协同效应,形成对微生物的多靶点攻击,从而有效抑制微生物的生长繁殖,进而保证食品的微生物安全性(图3-1)。

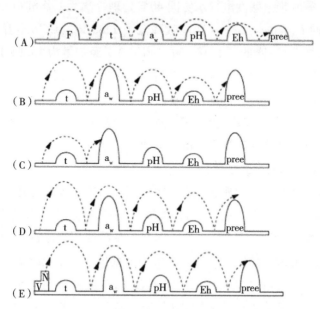

图 3-1　栅栏效应

F=高温处理;t=低温冷藏;a_w=降低水分活度;pH=酸化;Eh=降低氧化还原值;
pree=防腐剂;V=维生素;N=营养物

3.1.2 协同杀菌技术研究进展

多种栅栏因子的联合作用可以降低单一技术使用强度、减少对食品营养和感官品质的影响，同时并对致病菌或腐败菌产生较好的抑杀效果。

(1)基于温热的协同杀菌技术

温度是食品保藏中常用的栅栏因子，通常以高温或低温的形式出现。非热杀菌技术处理温度低，是当前食品加工领域的研究热点。但非热杀菌技术单独处理时，存在杀菌不彻底的现象。因此，国内外研究把温热引入了栅栏技术，将温热与超高压、酸性电解水、紫外线、高压二氧化碳、脉冲电场、辐照等非热杀菌技术联合应用于食品保鲜。结果发现协同处理不仅可以提高对微生物的杀灭效果，而且还可以有效保持食品的营养品质和感官特性。

研究发现，超高压处理对微生物的杀灭效果随处理温度的升高而增强。Chen 等研究发现，经超高压(500 MPa)在 22℃条件下处理 35 min 后，接种于全脂牛奶中的单增李斯特菌(*L. monocytogenes*)降低了 8 $\log_{10}$ CFU/mL；而当处理温度升高至 50℃时，5 min 的超高压处理(500 MPa)就能达到类似的杀菌效果。此外，研究证实，酸性电解水和温热协同处理可以显著提升对微生物的灭活效果。例如，Shiroodi 等发现强酸性电解水协同 40℃处理冷熏大西洋鲑鱼(*Salmo salar*)片后，其表面的 *L. monocytogenes* 菌落数降低了 2.85 $\log_{10}$ CFU/g，显著高于强酸性电解水单独处理组(降低了 1.58 $\log_{10}$ CFU/g)。经剂量为 13.55 J/mL 的紫外线在 25、40、50、52.5、55 和 57.5℃处理后，接种于橙汁的大肠杆菌分别降低了 0.25、0.41、0.84、0.96、2.57 和 3.41 $\log_{10}$ CFU/mL；而经紫外线于 60℃处理后，接种于橙汁的大肠杆菌活菌数降低幅度超过 6 个对数。以上结果表明，温热协同紫外线处理能够显著增强对微生物的杀灭效果。

(2)基于防腐剂的协同杀菌技术

食品防腐剂是食品工业中重要的添加剂之一，按来源分为化学合成防腐剂(苯甲酸及其盐、山梨酸及其盐、尼泊金酯类等)和天然防腐剂(乳酸链球菌素、纳他霉素、ε-聚赖氨酸等)。然而，一种防腐剂的单独使用很难达到理想的食品保藏效果。多项研究表明防腐剂之间存在协同抑菌效应。宁亚维等评价了苯乳酸与常用食品防腐剂的联合抑菌作用。结果表明，苯乳酸分别与苯甲酸钠和山梨酸钾联用对大肠杆菌均表现为协同作用；苯乳酸分别与苯甲酸钠和山梨酸钾联合使用后，苯乳酸使用剂量降低 75%，苯甲酸钠和山梨酸钾的使用剂量均可以降低 50%。高玉荣等人研究了 5 种食品化学防腐剂(对羟基苯甲酸甲酯、硝酸钠、山梨酸钾、脱氢乙酸钠、苯甲酸钠)与纳他霉素联合使用对失活酿酒酵母效果的影响。结果表明,与纳他霉素(0.1 g/L)联合使用,对羟基苯甲酸甲酯(0.15 g/L)、硝酸钠(0.15 g/L)、山梨酸钾(0.02 g/L)和脱氢乙酸钠(0.03 g/L)分别使纳他霉素的抑菌率提高了57.14%、46.14%、30.21%和13.61%,说明上述4种防腐剂与纳他霉素有显著的协同抑菌作用。此外,与苯甲酸、对羟基苯甲酸甲酯(又称为尼泊金酯)、紫外线、脉冲强光等联合使用也能够增强防腐剂对食品中有害微生物的杀灭作用。

(3)基于表面活性剂的协同杀菌技术

按离子类型的不同,表面活性剂(surfactant)通常可分为离子型表面活性剂和非离子型表面活性剂,离子型表面活性剂又可分为阳离子型表面活性剂、阴离子型表面活性剂和两性离子型表面活性剂。近年来,一些具有杀菌或抑菌活性的表面活性剂在食品保鲜领域的应用受到了人们的广泛关注。然而由于其杀菌能力相对较弱且种类单一,表面活性剂在应用时具有一定的局限性。因此,为了有效增强杀菌效果,国内外研究学者常采用表面活性剂和有机酸等栅栏因子进行协同处理。十二烷基硫酸钠(sodium dodecyl sulfate,SDS)是一种阴离子型表面活性剂。研究表明,采用乙酰丙酸(终浓度分别为2.5%、5.0%、7.5%或10%)和2.5% SDS溶液协同浸泡处理甜瓜后,其表面接种的浦那沙门氏菌(*Salmonella Poona*)总数均降低到检测限以下(初始值为4.26~5.04 $\log_{10}$ CFU/样品)。相似地,Li 等研究表明在乙酸溶液或过氧化氢溶液中加入适量的 SDS 能够有效增强蓝莓表面沙门氏菌的失活率。Li 等分别采用乙酸(0.5 mg/mL)协同 SDS (5000 ppm)和过氧化氢(200 ppm)协同 SDS(5000 ppm)溶液洗涤蓝莓果实。结果表明,与对照组相比,经上述两种方法处理后,蓝莓表面沙门氏菌总数分别显著降低了4.0 $\log_{10}$ CFU/g 和 4.2 $\log_{10}$ CFU/g($p<0.05$);上述两种协同处理对沙门氏菌的灭活效果与 200 ppm 氯气的处理效果相似,且均未对蓝莓总酚、花青素含量及感官品质造成不良影响。综上可知,表面活性剂单独或与其他抗菌剂联合使用可有效杀灭食物中及与食物接触表面的微生物,并有效保持食品的营养品质和感官特性。

3.1.3 结论与展望

综上所述,单独使用某一种食品杀菌保鲜技术很难达到理想的应用效果。因此,基于栅栏因子理论,有针对性地将不同的栅栏因子(如冷等离子体、超高压、辐照、磁力、脉冲强光、电解水或化学消毒剂等)配合使用,构建具有协同增效作用的联合杀菌技术,是今后食品杀菌保鲜技术研究的一个重要方向,对于保障食品安全具有重要意义。

3.2 PAW-温热协同杀菌效果与机制

PAW 实际应用过程中存在两个问题,一是对酵母、霉菌等的杀菌能力较弱,二是蛋白质等食品组分能够显著降低其对微生物的杀灭效果。有研究表明,温热与非热杀菌技术协同使用能够有效提高对微生物的杀灭效能。然而,关于 PAW 热稳定性及 PAW 协同温热处理的抗菌活性和作用机制的研究尚不充分。因此,本小节拟首先研究温热预处理对 PAW 抗菌活性及理化性质的影响;以大肠杆菌 O157∶H7 和酿酒酵母为研究对象,评价 PAW-温热协同处理对细菌和真菌的失活效果;通过评价微生物细胞形态、细胞膜完整性等指标,揭示 PAW-温热协同失活大肠杆菌 O157∶H7 和酿酒酵母的作用机制,研究成果将为 PAW-温热协同杀菌技术在食品工业的应用提供重要的科学理论依据和技术支持。

3.2.1 预热处理对 PAW 杀菌效果的影响

研究预热处理对 PAW 失活单增李斯特菌(*L. monocytogenes*,ATCC 15313)、鼠伤寒沙门氏菌(*S. Typhimurium*,CICC 21484)和大肠杆菌 O157∶H7(*E. coli* O157∶H7,CICC 10907)效果的影响。将 200 mL 无菌去离子水(sterile distilled water,SDW)在大气压等离子体射流(atmospheric pressure plasma jet,APPJ)下处理 60 s 制备 PAW。采用压缩空气(0.18 Mpa)进行放电,其流速为 30 L/min,功率为 750 W。分别取 PAW 样品(1000 μL)加入到 1.5 mL 微量离心管中,密封,分别于不同温度(25、30、40、50、60、70 和 80℃)下水浴加热 10 min,然后将 PAW 样品快速冷却至室温。将 100 μL 菌悬液加入装有 900 μL 热处理后的 PAW 中,振荡混匀并于室温反应 8 min。取 100 μL 处理后的菌液,以无菌 0.85% NaCl 溶液进行梯度稀释后,吸取 100 μL 稀释液涂布到大豆酪蛋白琼脂培养基(Trypticase Soy Agar,TSA)平板,于 37℃培养箱中培养 48 h 后进行菌落计数。

(1)预热处理对 PAW 失活 *L. monocytogenes* 效果的影响

经水浴预热并冷却室温后,PAW 对 *L. monocytogenes* 的失活效果见图 3-2。由图 3-2 可知,与对照组相比,PAW 处理 8 min 显著降低了 *L. monocytogenes* 的菌落数($p<0.05$),随着预热温度(30~80℃)的升高,PAW 对 *L. monocytogenes* 的失活能力逐渐降低。未处理组 *L. monocytogenes* 的菌落数为 8.21 $\log_{10}$ CFU/mL;

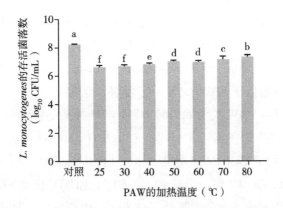

图 3-2 预热处理对 PAW 失活 *L. monocytogenes* 效果的影响
误差线上标注不同字母表示各组差异显著(Ducan 检验,*p*<0.05)

经未加热 PAW(25℃)处理 8 min 后,*L. monocytogenes* 菌落数降低至 6.62 $\log_{10}$ CFU/mL,显著低于未处理组菌落数(*p*<0.05)。与 PAW(25℃)处理组相比,经热(30℃)处理 10 min 的 PAW 对 *L. monocytogenes* 的失活效应无显著变化(*p*>0.05),但 40~80℃的预热处理显著降低了 PAW 对 *L. monocytogenes* 的杀菌活性(*p*<0.05),经于 40℃和 80℃加热的 PAW 处理 8 min 后,*L. monocytogenes* 分别降低了 1.40 $\log_{10}$ CFU/mL 和 0.85 $\log_{10}$ CFU/mL。以上结果表明,PAW 对 *L. monocytogenes* 的失活能力随预热温度的升高而降低。

(2)预热处理对 PAW 失活 *S. Typhimurium* 效果的影响

经水浴预热并快速冷却室温后,PAW 对 *S. Typhimurium* 的失活效果见图 3-3。由图 3-3 可知,PAW 对 *S. Typhimurium* 的失活效果随预热温度(30~80℃)的

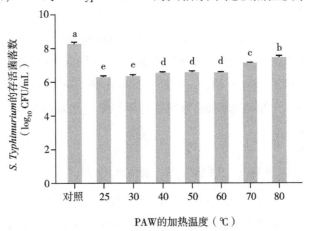

图 3-3 预热处理对 PAW 失活 *S. Typhimurium* 效果的影响
误差线上标注不同字母表示各组差异显著(Ducan 检验,*p*<0.05)

升高而降低。S. Typhimurium 的初始菌落数为 8.28 $\log_{10}$ CFU/mL,未经预热处理的 PAW(25℃)使 S. Typhimurium 降低了 1.98 个对数($p<0.05$)。经 40~80℃预热 10 min 的 PAW 处理后,S. Typhimurium 分别降低 1.73、1.70、1.72、1.17 和 0.85 个对数,均显著低于 PAW(25℃)处理组($p<0.05$)。

(3)预热处理对 PAW 失活 E. coli O157：H7 效果的影响

经水浴预热并冷却室温后,PAW 对 E. coli O157：H7 的失活效果如图 3-4 所示。经未预热的 PAW(25℃)处理 8 min 后,E. coli O157：H7 显著降低了 2.27 $\log_{10}$ CFU/mL($p<0.05$)。而经 40、50、60、70 和 80℃预热 10 min 后,PAW 使 E. coli O157：H7 的菌落数分别降低了 2.01、1.48、1.41、1.24 和 1.06 个对数,均显著低于 PAW(25℃)单独处理组的失活效果($p<0.05$)。

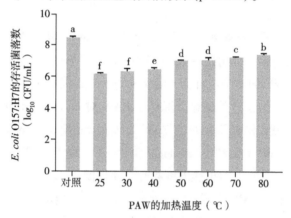

图 3-4　预热处理对 PAW 失活 E. coli O157：H7 效果的影响
误差线上标注不同字母表示各组差异显著(Ducan 检验,$p<0.05$)

综上所述,PAW 可以有效杀灭 L. monocytogenes、S. Typhimurium 和 E. coli O157：H7,随着预热温度的升高,PAW 的杀菌活力呈现下降的趋势。Shen 等发现,随着储藏温度(-80、-20、4 和 25℃)的升高,PAW 对金黄色葡萄球菌(S. aureus)的杀灭效能逐渐降低,这可能与不同温度贮藏过程中 PAW 的物理化学性质发生变化有关。

3.2.2　预热处理对 PAW 理化指标的影响

将装有 30 mL PAW 的离心管(50 mL)密封,分别在 25、30、40、50、60、70 和 80℃水浴孵育 10 min,处理结束后,将样品快速冷却至室温,立即测定其 pH 值、氧化还原电位(oxidation reduction potential,ORP)、电导率及 H_2O_2、NO_3^- 和 NO_2^- 的含量。

（1）预热对 pH 值的影响

经不同温度水浴（30~80℃）处理后，PAW 的 pH 值变化如图 3-5 所示，SDW 经等离子体激活 60 s 后，pH 值由初始的 6.20 显著降为 3.17（$p<0.05$）。相关研究发现 SDW 经等离子体处理后会产生酸化现象，可能与 PAW 制备过程中产生的 H_2O_2、NO_3^- 和 NO_2^- 等活性组分有关。大量研究证实，PAW 对微生物的失活作用与其较低的 pH 密切相关。与未经预热处理的 PAW（25℃）相比，经 30、40、50、60、70 和 80℃预热处理 10 min 后，PAW 的 pH 值分别为 3.23、3.21、3.22、3.18、3.19 和 3.17，均未发生显著变化（$p>0.05$）。Shen 等也发现，PAW 分别于 25、4、−20 和−80℃储藏 30 d 后，其 pH 值未发生显著变化（$p>0.05$）。以上试验结果表明，30~80℃预热处理 10 min 未对 PAW 的 pH 值造成显著影响。

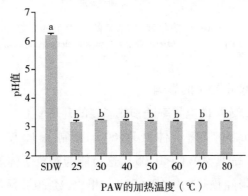

图 3-5　预热处理对等离子体活化水 pH 值的影响
误差线上标注不同字母表示各组差异显著（Ducan 检验，$p<0.05$）

（2）预热对 ORP 的影响

ORP 常用于评价溶液的氧化还原能力，主要与溶液中氧化剂的种类、浓度等有关。高 ORP 使微生物细胞膜的电位差发生改变，损伤细胞内膜和外膜结构，从而导致微生物死亡。不同温度加热处理对 PAW 电导率的影响见图 3-6。

由图 3-6 可知，SDW 的 ORP 值为 298.00 mV，经等离子体激活 60 s 所制备 PAW 的 ORP 值为 571.83 mV（25℃），显著高于 SDW（$p<0.05$）。ORP 值的升高与等离子体放电过程中产生的活性物质有关。与未经预热处理的 PAW（25℃）相比，预热（30、40、50、60、70 和 80℃）处理 10 min 后，PAW 的 ORP 值分别为 573.67、574.00、573.00、573.33、573.33 和 573.00 mV，未发生显著变化（$p>0.05$）。由此可知，预热（30~80℃）处理 10 min 对 PAW 的 ORP 值无显著影响

($p>0.05$)。Shen 等也发现了类似的现象,将 PAW 分别于不同温度(25、4、-20 和-80℃)储藏 30 d,其 ORP 值未发生显著变化($p>0.05$)。

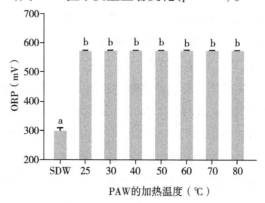

图 3-6　预热处理对 PAW 的 ORP 值的影响
误差线上标注不同字母表示各组差异显著(Ducan 检验,$p<0.05$)

（3）预热对 PAW 电导率的影响

如图 3-7 所示,PAW 的电导率随预热温度的升高呈上升的趋势。SDW 的电导率为 4.22 μS/cm,经等离子体处理 60 s 所制备 PAW 的电导率升高至 409.00 μS/cm,显著高于 SDW($p<0.05$),这可能与等离子体放电过程中产生的活性离子有关。与未经预热的 PAW(25℃)相比,经 30℃ 预热处理 10 min 后,PAW 的电导率变为 408.67 μS/cm,未发生显著变化($p>0.05$)。但随着预热温度(50、60、70 和 80℃)的升高,PAW 的电导率分别升高至 419.00、452.33、455.67 和 488.00 μS/cm。

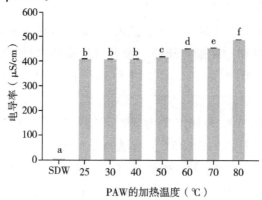

图 3-7　预热处理对 PAW 电导率的影响
误差线上标注不同字母表示各组差异显著(Ducan 检验,$p<0.05$)

研究发现,溶液的电导率除了与离子的浓度和组成有关,很大程度上与温度也有关。温度升高导致离子在溶液中的电离程度和迁移速度增加,从而造成其电导率增加。目前,关于电导率在微生物失活中的作用尚未完全阐明。有研究表明在冷等离子体处理 *E. coli* K12 时,其存活率随着电导率的增加而明显下降。但是,也有研究表明,脉冲电场在溶液电导率较低时对英诺克李斯特氏菌(*L. innocua*)的失活效果较好。因此,电导率在 PAW 中的灭活作用仍需进一步探讨。

(4)预热对 PAW 中 H_2O_2 含量的影响

如图 3-8 所示,SDW 中未检出 H_2O_2,经等离子体处理 60 s 所制备 PAW 中 H_2O_2 含量显著升高至 38.13 μmol/L($p<0.05$),这与 Shen 等的研究结果一致。等离子体处理可以在溶液中产生各种活性物质,包括 H_2O_2、NO_2^-、NO_3^-、O_3、·OH、·O_2^- 等。作为一种寿命较长的强氧化剂,H_2O_2 与 PAW 的抗菌活性有重要关系。PAW 中的 H_2O_2 主要在气/液界面处通过以下反应产生:

$$H_2O+e^- \rightarrow H\cdot + \cdot OH+e^-$$

$$H_2O+e^- \rightarrow H^+ + \cdot OH+2e^-$$

$$\cdot OH + \cdot OH \rightarrow H_2O_2$$

与未经预热的 PAW(25℃)相比,经30℃预热处理 10 min 后,PAW 中 H_2O_2 含量未发生显著变化($p>0.05$)。随着预热温度(40~80℃)的升高,PAW 中 H_2O_2 含量逐渐降至 36.38、33.50、33.38、31.88 和 29.00 μmol/L。Shen 等也观察到类似的现象,发现 PAW 中 H_2O_2 浓度随着储存温度(-80、-20、4 和 25℃)的升高而降低。作为一种活性分子,H_2O_2 不稳定,可以发生如下化学反应并生成水和氧气:

$$2H_2O_2(aq) \rightarrow 2H_2O\ (1) +O_2(g)$$

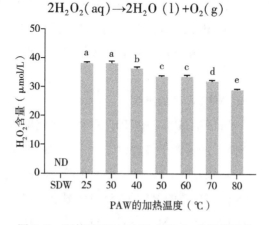

图 3-8　预热处理对 PAW 中 H_2O_2 含量的影响

误差线上标注不同字母表示各组差异显著(Ducan 检验,$p<0.05$),ND 表示未检测出

研究证实,加热、光照和催化剂可以加速 H_2O_2 的分解过程。因此,可以推测 PAW 对微生物杀灭效能的降低可能与加热处理加速了其含有的 H_2O_2 分解有关。

(5)预热对 PAW 中 NO_3^- 含量的影响

经水浴加热 10 min 后,PAW 中 NO_3^- 的含量变化见图 3-9。

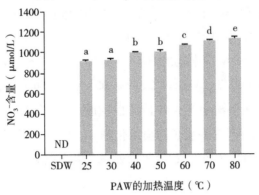

图 3-9　预热处理对 PAW 中 NO_3^- 含量的影响

误差线上标注不同字母表示各组差异显著(Ducan 检验,$p<0.05$),ND 表示未检测出

由图 3-9 可知,在 SDW 中未检出 NO_3^-,而经等离子体处理 60 s 所制备 PAW 中 NO_3^- 含量显著升高至 921.18 μmol/L($p<0.05$)。与 PAW(25℃)相比,经 30℃ 预热 10 min 后,PAW 中的 NO_3^- 含量为 932.00 μmol/L,未发生显著变化($p>0.05$)。当预热温度为 40℃时,PAW 中 NO_3^- 含量升高至 1002.53 μmol/L;当预热温度为 80℃时,PAW 中 NO_3^- 含量升高至 1135.29 μmol/L。以上结果表明,随着预热温度的升高,PAW 中 NO_3^- 含量呈上升趋势。与本文的研究结果类似,Shen 等将 PAW 分别于 25℃和 -80℃储藏 30 d,结果发现于 25℃条件下储藏的 PAW 中 NO_3^- 含量较高。

(6)预热对 PAW 中 NO_2^- 含量的影响

经水浴加热处理 10 min 后,PAW 中 NO_2^- 的含量变化见图 3-10。由图 3-10 可知,SDW 中未检出 NO_2^-,经等离子体处理 60 s 所制备 PAW 中 NO_2^- 含量显著增加至 812.29 μmol/L($p<0.05$)。经 30℃预热处理 10 min 后,PAW 中 NO_2^- 含量为 809.22 μmol/L,与未经预热的 PAW(25℃)无显著差异($p>0.05$)。当 PAW 在 40~80℃水浴中预热 10 min 后,NO_2^- 的含量逐渐降为 768.60、738.57、738.23、659.04 和 642.32 μmol/L。以上结果表明,随着预热温度的升高,PAW 中 NO_2^-

水平逐渐降低。

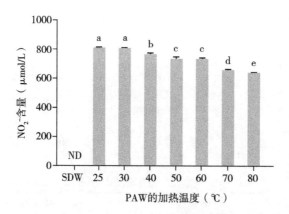

图 3-10 预热处理对 PAW 中 NO$_2^-$ 含量的影响
误差线上标注不同字母表示差异显著(Ducan 检验,$p<0.05$),ND 表示未检测出

3.2.3 PAW-温热协同处理对微生物的杀灭作用

研究 PAW-温热协同处理对大肠杆菌 O157：H7 等不同细菌的杀灭作用(图 3-11)。分别制备大肠杆菌 O157：H7(E. coli O157：H7,CICC 10907)、鼠伤寒沙门氏菌(S. Typhimurium,CICC 21484)和单增李斯特菌(L. monocytogenes,ATCC 15313)的菌悬液,调整其细胞浓度约为 9 log$_{10}$ CFU/mL,备用。将 200 mL 无菌去离子水(sterile distilled water,SDW)在大气压等离子体射流(APPJ)下处理 60 s,制备 PAW。所用载气为压缩空气(0.18 Mpa),其流速为 30 L/min,功率为 750 W。PAW 单独处理:将 100 μL 细菌悬浮液与 900 μL 的 PAW 混合,并在 25℃的振荡水浴中反应 4 min;温热单独处理:将 100 μL 细菌悬浮液与 900 μL 0.85%无菌 NaCl 溶液混合,分别在 40、50 和 60℃的振荡水浴中反应 4 min;PAW 结合温热处理:将 100 μL 细菌悬浮液与 900 μL 的 PAW 混合,然后分别在温度为 40、50 和 60℃的水浴中振荡反应 4 min;最后,采用 0.85%无菌 NaCl 溶液对样品进行 10 倍系列梯度稀释,取 100 μL 适当稀释度的菌液涂布在 TSA 平板,37℃培养 24 h 进行平板计数,实验结果见图 3-12~图 3-14。

(1)PAW 协同温热处理对 L. monocytogenes 的失活作用

PAW 协同温热处理对 L. monocytogenes 的失活作用见图 3-12。由图 3-12 可知,PAW 协同温热(40、50 和 60℃)处理能够有效杀灭 L. monocytogenes。L. monocytogenes 的初始菌落数为 8.13 log$_{10}$ CFU/mL,经 PAW 单独处理 4 min 后,L. monocytogenes 显著降低了 0.83 log$_{10}$ CFU/mL(p<0.05)。与未处理组相比,经

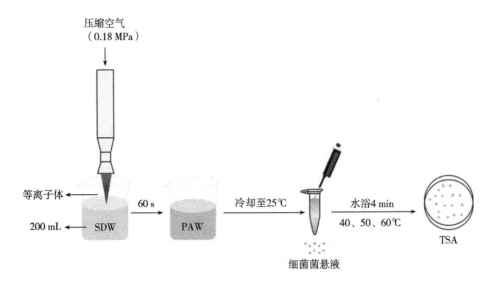

图 3-11　PAW-温热协同杀菌示意图

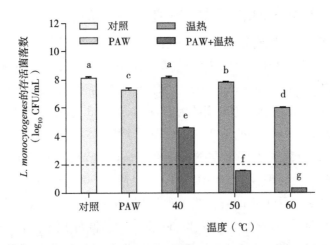

图 3-12　PAW-温热协同处理对 *L. monocytogenes* 的失活作用

误差线上标注不同字母表示各组差异显著（Ducan 检验,$p<0.05$）

0.85% 无菌 NaCl 溶液于 40℃ 单独处理 4 min 后,*L. monocytogenes* 未发生显著变化（$p>0.05$）。PAW 协同 40℃ 处理 4 min 后,*L. monocytogenes* 降低了 3.55 个对数（$p<0.05$）。与未处理组比,经 0.85% 无菌 NaCl 溶液于 50℃ 和 60℃ 单独处理 4 min 后,*L. monocytogenes* 分别减少了 0.30 和 2.06 个对数,而经 PAW 协同温热（50℃ 和 60℃）处理 4 min 后,*L. monocytogenes* 的菌落数分别显著减少 6.61 和 7.83 个对数。以上结果表明,与 PAW 单独处理或 40~60℃ 温热单独处理相比,

PAW 协同温热对 *L. monocytogenes* 的杀灭效果显著增强。

（2）PAW 协同温热处理对 *S. Typhimurium* 的失活作用

PAW 协同温热处理对 *S. Typhimurium* 的失活作用见图 3-13。

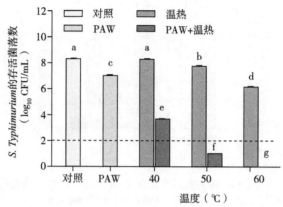

图 3-13　PAW-温热协同处理对 *S. Typhimurium* 的失活作用

误差线上标注不同字母表示各组差异显著（Ducan 检验,$p<0.05$）

由图 3-13 可知,未处理组 *S. Typhimurium* 的数量为 8.35 $\log_{10}$CFU/mL,经 PAW 于 25℃处理 4 min 后,*S. Typhimurium* 降低至 7.06 $\log_{10}$CFU/mL,显著低于未处理组（$p<0.05$）。经 0.85%无菌 NaCl 溶液于 40℃单独处理 4 min 后,*S. Typhimurium* 的数量未发生显著变化（$p>0.05$）。当 PAW 协同温热（40℃）处理 4 min 后,*S. Typhimurium* 显著减少了 4.70 个对数（$p<0.05$）。经 0.85%无菌 NaCl 溶液于 50℃或 60℃单独处理 4 min 后,*S. Typhimurium* 分别减少了 0.55 和 2.17 个对数;而 PAW 协同温热（50℃和 60℃）处理 4 min 后,*S. Typhimurium* 的菌落数降至检测限以下。以上数据表明,与 PAW 或温热单独处理相比,PAW 协同温热（40、50 和 60℃）对 *S. Typhimurium* 具有良好的杀灭效果,且随着协同温度的升高（40~60℃）,PAW 对 *S. Typhimurium* 的杀灭能力显著增强。

（3）PAW 协同温热处理对 *E. coli* O157∶H7 的失活作用

PAW 协同温热处理对 *E. coli* O157∶H7 的灭活作用见图 3-14。由图 3-14 可知,PAW 结合温热（40、50 和 60℃）能够有效杀灭 *E. coli* O157∶H7。未处理组 *E. coli* O157∶H7 为 8.29 $\log_{10}$ CFU/mL,经 PAW 于 25℃单独处理 4 min 后,*E. coli* O157∶H7 菌落数降低至 7.52 $\log_{10}$ CFU/mL,减少了 0.77 个对数。与未处理相比,经 0.85%无菌 NaCl 溶液于 40、50 和 60℃单独处理 4 min 后,*E. coli* O157∶H7 分别降低了 0.09、0.75 和 1.79 个对数;而经 PAW 协同温热（40℃和

50℃）处理 4 min 后，*E. coli* O157：H7 的菌落数分别降低 2.48 和 7.28 个对数（$p<0.05$）；当 PAW 协同 60℃处理 4 min 后，*E. coli* O157：H7 降至检测限以下。

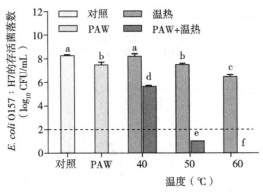

图 3-14　PAW-温热协同处理对 *E. coli* O157：H7 的失活作用

误差线上标注不同字母表示各组差异显著（Ducan 检验，$p<0.05$）

以上结果表明，与 PAW 或温热单独处理相比，PAW 协同温热（40~60℃）对 *E. coli* O157：H7 的杀菌活性显著增强，这与 Choi 等的研究结论相一致。Choi 等发现，腌白菜表面好氧嗜温菌、乳酸菌、酵母霉菌和大肠菌群数分别为 5.3、5.7、4.0 和 2.6 $\log_{10}$ CFU/g；经放电 120 min 所制备 PAW 单独清洗 10 min 后，腌白菜表面好氧嗜温菌、乳酸菌、酵母霉菌和大肠菌群数分别降低了 2.0、2.2、1.8 和 1.0 个对数，而经 PAW 处理 10 min 后，将样品置于 60℃去离子水中并继续处理 5 min 后，腌白菜表面好氧嗜温菌、乳酸菌、酵母霉菌和大肠菌群数均低于检测线。Choi 等同时评价了 PAW-温热协同处理对接种于腌白菜表面 *L. monocytogenes* 和 *S. aureus* 的失活效果，也得到类似的结论。接菌后，腌白菜表面 *L. monocytogenes* 和 *S. aureus* 分别为 6.9 和 6.4 $\log_{10}$ CFU/g。经放电 120 min 所制备 PAW 单独清洗 10 min 后，腌白菜表面 *L. monocytogenes* 和 *S. aureus* 分别降低了 1.5 和 1.3 个对数；经 60℃ 去离子水处理 5 min 后，样品表面 *L. monocytogenes* 和 *S. aureus* 分别降低了 1.7 和 2.5 个对数，而经 PAW 处理 10 min 和温热处理 5 min 后，样品表面 *L. monocytogenes* 和 *S. aureus* 分别降低了 3.4 和 3.7 个对数。

3.2.4　PAW-温热协同杀灭大肠杆菌 O157：H7 的作用机制

将 200 mL 无菌去离子水经 APPJ 设备处理 60 s，制备 PAW，备用。制备细胞浓度约为 9 $\log_{10}$ CFU/mL 的 *E. coli* O157：H7 菌悬液，备用。

（1）PAW 协同温热对 *E. coli* O157：H7 细胞形态的影响

采用场发射扫描电子显微镜(field emission scanning electron microscopy,FE-SEM)观察 PAW-温热协同处理对 *E. coli* O157：H7 细胞形态的影响。*E. coli* O157：H7 菌悬液经 PAW、60℃、PAW+60℃ 处理 4 min 后,离心收集细胞,加入 2.5%戊二醛溶液并于 4℃ 冰箱固定 12 h。然后于 4℃,8000×*g* 离心 6 min,弃上清液,磷酸盐缓冲液(0.1 mol/L,pH 7.2)洗涤菌体 3 次,再分别用 30%、50%、70%、80%、90%、100%(*v/v*)乙醇对菌液逐级洗脱 10 min,其中 100%乙醇洗脱 2 次,最后用乙酸异戊酯置换乙醇 2 次,离心,弃上清,留微量在硅片上,自然晾干。对样品喷金 120 s,然后采用 JSM-7001F 型场发射扫描电子显微镜(日本 JEOL 公司)进行观察。图 3-15 为 *E. coli* O157：H7 经 PAW、温热(60℃)、PAW 协同温热(60℃)处理 4 min 后的细胞形态变化。

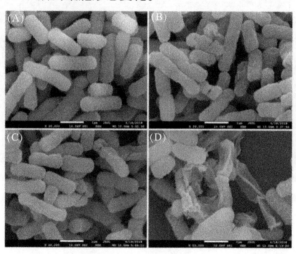

图 3-15　PAW-温热协同处理对 *E. coli* O157：H7 细胞形态的影响
(A)对照;(B)PAW 单独处理;(C)温热(60℃)单独处理;(D)PAW 协同温热(60℃)处理

如图 3-15(A)所示,未经任何处理的 *E. coli* O157：H7 细胞呈棒状,形态完整规则,表面光滑,具有完整的细胞膜。经 PAW 单独处理 4 min 或温热(60℃)单独处理 4 min 后,部分 *E. coli* O157：H7 细胞形态发生变化,表面粗糙并发生皱缩[图 3-15(B)和图 3-15(C)]。经 PAW 协同温热(60℃)处理 4 min 后,*E. coli* O157：H7 细胞发生明显皱褶,出现空洞,结构塌陷,细菌形状模糊,甚至发现细胞膜和细胞内成分缺失[图 3-15(D)]。以上结果表明,PAW 协同温热(60℃)导致 *E. coli* O157：H7 细胞形态发生严重损伤,细胞膜通透性显著增强,引发细胞内组分渗漏,进而影响微生物的正常代谢。

(2)PAW 协同温热对 *E. coli* O157：H7 细胞膜完整性的影响

通常采用细胞内组分(如蛋白质、核酸和盐离子)的泄漏来于评价细胞膜的破坏程度。*E. coli* O157：H7 菌悬液分别经 PAW、40℃、50℃、60℃、PAW+40℃、PAW+50℃、PAW+60℃水浴处理 4 min 后,离心收集上清液,采用 NanoDrop 2000 超微量分光光度计(美国 Thermo 公司)测定上清液中的蛋白与核酸含量,结果均表示为 μg/mL。如图 3-16 所示,未处理组细胞上清液中蛋白质浓度很低,仅为 1.20 μg/mL,经 PAW 于25℃单独处理 4 min 后,*E. coli* O157：H7 胞外蛋白质含量显著升高至 13.32 μg/mL($p<0.05$)。与未处理组细胞相比,经 40℃单独处理后,*E. coli* O157：H7 胞外蛋白质含量无显著变化($p>0.05$),经 50℃和 60℃单独处理 4 min 后,*E. coli* O157：H7 胞外蛋白质水平分别显著升高至 12.78 和 29.87 μg/mL($p<0.05$),表明其细胞膜发生损伤,经 PAW 结合温热(40、50 和 60℃)处理 4 min 后,*E. coli* O157：H7 的胞外蛋白质含量分别升高至 34.52、47.25 和 59.79 μg/mL,均显著高于 PAW 单独处理组和温热单独处理组($p<0.05$)。

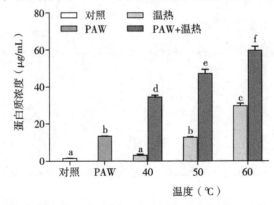

图 3-16　PAW-温热协同处理对 *E. coli* O157：H7 胞外蛋白质含量的影响
误差线上标注不同字母表示各组差异显著(Ducan 检验,$p<0.05$)

PAW 协同温热处理对 *E. coli* O157：H7 胞外核酸含量的影响见图 3-17。由图 3-17 可知,未处理组细胞胞外核酸含量很低,仅为 1.40 μg/mL,经 PAW 于 25℃处理 4 min 后,*E. coli* O157：H7 胞外核酸水平升高至 2.99 μg/mL,显著高于未处理组细胞($p<0.05$)。40℃温热单独处理未对 *E. coli* O157：H7 胞外核酸含量造成显著影响($p>0.05$),而经 PAW 协同 40℃处理 4 min 后,*E. coli* O157：H7 的胞外核酸水平显著增至 4.71 μg/mL($p<0.05$)。经 50℃和 60℃温热单独处理 4 min 后,*E. coli* O157：H7 的胞外核酸含量分别升高至 3.16 μg/mL 和 4.86 μg/mL

（$p<0.05$），而经 PAW 协同温热（50℃和60℃）处理后，*E. coli* O157：H7 胞外核酸水平分别显著增加至 5.81 μg/mL 和 6.23 μg/mL（图 3-17），均显著高于 PAW 单独处理组和温热单独处理组（$p<0.05$）。

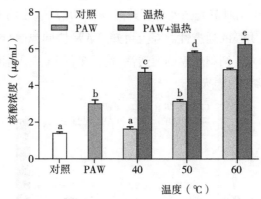

图 3-17　PAW-温热协同处理对 *E. coli* O157：H7 胞外核酸含量的影响

误差线上标注不同字母表示各组差异显著（Ducan 检验，$p<0.05$）

　　以上结果表明，PAW 协同温热处理显著破坏了 *E. coli* O157：H7 的细胞膜，导致蛋白质和核酸等胞内物质泄露到胞外，影响了细胞正常代谢及生理功能，从而使 *E. coli* O157：H7 细胞失活。Ukuku 等也认为热处理造成的 *E. coli* K-12 和 *S.* Enteritidis 失活主要归因于其造成的细胞膜损伤和胞内物质的泄漏。

　　（3）PAW 协同温热对 *E. coli* O157：H7 细胞质膜通透性的影响

　　碘化丙啶（propidium iodide，PI）是一种疏水性 DNA 嵌入荧光染料，不能穿过活细胞的细胞质膜。当细胞膜破损后，PI 会穿过细胞膜与 DNA 结合，在一定的波长下产生红色荧光。因此，仅在细胞质膜受损的细胞中观察到增强的 PI 荧光。菌悬液经 PAW、温热（40、50 和 60℃）、PAW+温热（40、50 和 60℃）处理 4 min 后，离心收集菌体并重悬于无菌 0.85% NaCl 溶液，加入 PI 储备液（终浓度为 3.0 μmol/L），置于室温暗处孵育 10 min，离心收集菌体并重悬于无菌 0.85% NaCl 溶液。采用 F-7000 型荧光分光光度计测定荧光强度，激发波长为 482 nm，发射波长为 635 nm，狭缝宽度为 5 nm。采用式（3-1）计算 PI 相对荧光强度：

$$PI\ 相对荧光强度（\%）=\frac{F_1}{F_0}\times100\% \tag{3-1}$$

式中：F_0 为对照组细胞的 PI 荧光强度；F_1 为处理组细胞的 PI 荧光强度。

　　由图 3-18 可知，与未处理组细胞相比，经 PAW 单独处理后，*E. coli* O157：H7 的 PI 相对荧光强度显著增强（$p<0.05$）。*E. coli* O157：H7 经 40℃单独处理后，

其 PI 相对荧光强度未发生显著变化($p>0.05$)。当处理温度为 50℃ 和 60℃ 时，*E. coli* O157：H7 细胞的相对荧光强度显著升高，这与 Wouters 等的发现一致。与 PAW 或温热单独处理相比，经 PAW 协同温热(40~60℃)处理 4 min 后，*E. coli* O157：H7 的 PI 相对荧光强度显著升高($p<0.05$)，这表明 PAW 协同温热处理显著增强了细胞质膜的通透性。综上可知，PAW 协同温热(60℃)处理显著增强了 *E. coli* O157：H7 细胞质膜的通透性，使更多的 PI 进入细胞内并于 DNA 结合，从而观察到更多的红色荧光。

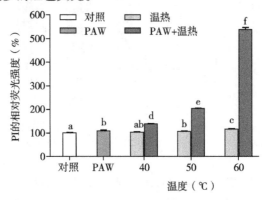

图 3-18　PAW-温热协同处理对 *E. coli* O157：H7 细胞质膜通透性的影响

误差线上标注不同字母表示各组差异显著(Ducan 检验，$p<0.05$)

(4) PAW 协同温热对 *E. coli* O157：H7 细胞外膜通透性的影响

E. coli O157：H7 等革兰氏阴性细菌具有两层膜结构，分别为细胞外膜和细胞质(内)膜。革兰氏阴性细菌的外膜由脂多糖、磷脂、外膜蛋白和脂蛋白等成分组成，是细菌抵御外界有害物质的首要物理屏障，可以保护细菌免受环境中有害化合物(如抗生素和胆盐)的损害。采用 N-苯基-1-萘胺(N-Phenyl-1-naphthylamine，NPN)评价 PAW 协同温热对 *E. coli* O157：H7 细胞外膜通透性的影响。*E. coli* O157：H7 菌悬液分别经 PAW、40℃、50℃、60℃、PAW+40℃、PAW+50℃、PAW+60℃处理 4 min 后，离心收集菌体并加入体积为 1.0 mL 的 HEPES 缓冲液(5 mmol/L、pH 7.2)重悬，再加入 20 μL 的 NPN 储备液(0.5 mmol/L)并置于室温暗处孵育 10 min，采用 F-7000 型荧光分光光度计测定荧光强度，激发波长为 350 nm，发射波长为 408 nm，狭缝宽度为 5 nm。结果用相对荧光强度表示，采用式(3-2)计算 NPN 相对荧光强度：

$$\text{NPN 相对荧光强度}(\%) = \frac{F_1}{F_0} \times 100\% \qquad (3-2)$$

式中:F_0 为对照组的荧光强度,F_1 为处理组的荧光强度。

作为一种疏水性荧光探针,NPN 不能穿过革兰氏阴性细菌的外膜,在水溶液中呈现微弱荧光,但在非极性或疏水环境(例如膜脂质双层)中则发出强烈荧光。因此,NPN 可以作为测定 *E. coli* O157:H7 的外膜通透性变化的荧光染料。由图 3-19 可知,未处理 *E. coli* O157:H7 细胞中 NPN 相对荧光强度最低,表明细胞外膜保持完整。经 PAW 单独处理后,*E. coli* O157:H7 细胞中 NPN 相对荧光强度显著增强($p<0.05$)。与对照组相比,经 40℃单独处理 4 min 后,*E. coli* O157:H7 细胞中 NPN 相对荧光强度未发生显著变化($p>0.05$),而经 50℃或 60℃单独处理 4 min 后,*E. coli* O157:H7 细胞中 NPN 相对荧光强度显著升高($p<0.05$)。这是由于细胞外膜遭到破坏,NPN 荧光探针进入疏水区域,导致荧光强度升高。Halder 等发现,经热处理后,细菌的 NPN 吸收显著增加。与 PAW 和温热单独处理相比,经 PAW 协同温热(40、50 和 60℃)处理 4 min 后,*E. coli* O157:H7 细胞中 NPN 相对荧光强度显著升高,表明 PAW 协同温热处理使细胞外膜的完整性发生破坏。

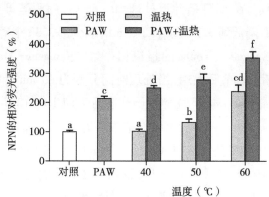

图 3-19　PAW-温热协同处理对 *E. coli* O157:H7 细胞外膜完整性的影响
误差线上标注不同字母表示各组差异显著(Ducan 检验,$p<0.05$)

3.2.5　PAW-温热协同处理对酿酒酵母的杀灭作用

制成活细胞数约为 7 $\log_{10}$ CFU/mL 的酿酒酵母菌悬液,备用。将 200 mL 无菌去离子水经大气压等离子体射流(APPJ)装置处理 90 s,制备 PAW,备用。

(1)PAW 单独处理对酿酒酵母的杀灭作用

将酿酒酵母菌悬液(100 μL)加入装有 900 μL PAW 的离心管中并混匀,于 25℃振荡水浴中分别处理 0、10、20 和 30 min。最后,采用 0.85%无菌 NaCl 溶液对样品进行 10 倍系列梯度稀释,取 100 μL 适当稀释度的菌液涂布于酵母浸出粉胨葡萄糖琼脂培养基(yeast extract peptone dextrose,YPD)平板,于 37℃培养 24 h后进行计数,结果见图 3-20。

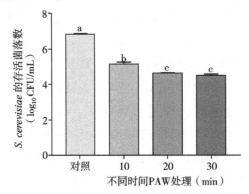

图 3-20　不同时间 PAW 处理对酿酒酵母的失活作用
误差线上标注不同字母表示各组差异显著(LSD 法,*p*<0.05)

如图 3-20 所示,在 25℃条件下处理 30 min 后,酿酒酵母菌落数由初始的 5.85 log₁₀ CFU/mL 降低到 3.52 log₁₀ CFU/mL,减少了 2.33 个对数。

上述结果与 Kamgang-Youbi 的报道相一致。Kamgang-Youbi 等采用 PAW 分别处理浮游细菌和真菌后发现,当处理时间分别为 15 min 和 20 min 时,葡萄球菌(*Staphylococcus epidermidis*,初始细胞浓度为 7.81 log₁₀ CFU/mL)和假肠膜明串珠菌(*Leuconostoc mesenteroides*,初始细胞浓度为 7.87 log₁₀ CFU/mL)均降低至检测限以下,杀菌效果明显,而经 PAW 处理 30 min 后,酿酒酵母细胞总数仅由初始的 6.68 log₁₀ CFU/mL 降低至 3.51 log₁₀ CFU/mL。造成上述差异的可能原因是酿酒酵母的细胞壁主要由 β-葡聚糖、甘露聚糖、蛋白质等组成,其结构更为复杂和致密。

(2)PAW-温热协同处理对酿酒酵母的杀灭作用

PAW 单独处理:将 100 μL 酿酒酵母菌悬液与 900 μL PAW 混合,并在 25℃的振荡水浴中反应 6 min;温热单独处理:将 100 μL 酿酒酵母菌悬液与 900 μL 0.85%无菌生理盐水(sterile physiological saline,SPS)混合,分别在 40、42.5、45、47.5 和 50℃的振荡水浴中反应 6 min;PAW 协同温热处理:将 100 μL 酿酒酵母菌悬液与 900 μL PAW 混合,然后分别在 40、42.5、45、47.5 和 50℃的振荡水浴中反应 6 min。取 100 μL 适当稀释度的菌液涂布于 YPD 平板,于 37℃培养 24 h 后进行计数,结果见图 3-21。

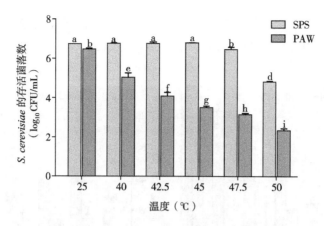

图 3-21　PAW 协同温热处理对酿酒酵母的失活作用
误差线上标注不同字母表示各组差异显著(LSD 法,$p<0.05$)

由图 3-21 可知,在 40、42.5 和 45℃温热单独处理 6 min 对酿酒酵母的失活效果均较弱($p>0.05$),在 50℃温热处理 6 min 后,与对照组相比,酿酒酵母菌落数由初始的 6.75 $\log_{10}$ CFU/mL 降低至 4.83 $\log_{10}$ CFU/mL,仅降低了 1.92 个对数。相对于 PAW 或温热单独处理,PAW 协同温热对酿酒酵母的杀灭作用显著增强。经 PAW 协同温热(40、42.5、45、47.5 和 50℃)处理 6 min 后,酿酒酵母菌落数分别降低了 1.69、2.65、3.23、3.57 和 4.40 个对数,显著高于 PAW(25℃)单独处理组和 40~50℃温热单独处理组($p<0.05$)。以上结果表明 PAW 和温热(40~50℃)协同处理对酿酒酵母具有明显的协同杀灭效果。

3.2.6　PAW-温热协同处理杀灭酿酒酵母的作用机制

(1)PAW 协同温热处理对酿酒酵母细胞膜完整性的影响

通过测定酿酒酵母胞外核酸和蛋白释放量评价 PAW 温热协同处理对酿酒酵母细胞膜完整性的影响。酿酒酵母菌悬液分别经 PAW 单独处理、温热单独处理(40、42.5、45、47.5 和 50℃)以及 PAW 协同温热处理(PAW+42.5℃、PAW+40℃、PAW+45℃、PAW+47.5℃和 PAW+50℃)6 min 后,于 4℃、12000×g 离心 2 min,收集上清液。采用 Nano Drop 2000-型超微量分光光度计测定上清液中核酸(260 nm 处)和蛋白(280 nm 处)的含量,结果见图 3-22。如图 3-22(A)所示,经 PAW 协同 40℃温热处理 6 min 后,酿酒酵母胞外核酸含量显著升高至 4.12 μg/mL($p<0.05$)。经 42.5、45、47.5 和 50℃温热单独处理 6 min 后,酿酒酵母胞外核酸含量分别升高至 3.78、5.87、6.95 和 7.35 μg/mL($p<0.05$),而经

PAW 协同温热(42.5、45、47.5 和 50℃)处理后,酿酒酵母胞外核酸水平分别显著增加至 6.84、9.12、12.33 和 14.67 μg/mL($p<0.05$)。

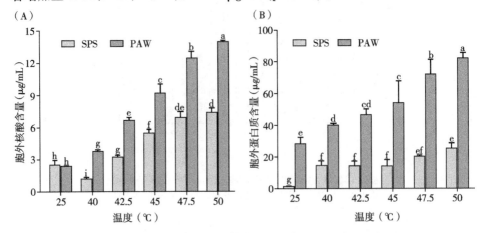

图 3-22　PAW 协同温热处理对酿酒酵母蛋白质和核酸释放量的影响
误差线上标注不同字母表示各组差异显著(LSD 法,$p<0.05$)

PAW 协同温热处理对酿酒酵母胞外蛋白释放量的影响见图 3-22(B)。与 25℃未处理组细胞相比(0.50 μg/mL),PAW 在 25℃单独处理 6 min 后,酿酒酵母胞外蛋白质含量显著增加至 28.32 μg/mL($p<0.05$),而经 40、42.5 和 45℃温热单独处理 6 min 后,酿酒酵母胞外蛋白质含量均无显著变化($p>0.05$)。经 47.5℃和 50℃温热单独处理 6 min 后,酿酒酵母胞外蛋白质含量分别升高至 21.28 μg/mL 和 25.87 μg/mL,显著高于处理组细胞($p<0.05$)。与单独 PAW 或单独温热处理相比,PAW 协同处理组酿酒酵母胞外蛋白质释放量显著升高。经 PAW 结合温热(40、42.5、45、47.5 和 50℃)处理 6 min 后,酿酒酵母胞外蛋白质含量显著升高至 41.22、48.25、53.49、72.38 和 81.32 μg/mL($p<0.05$)。

以上结果表明,PAW 协同温热处理会使酿酒酵母细胞膜的通透性发生改变,导致细胞内的核酸、蛋白质等组分释放到胞外,进而破坏细胞的正常生理代谢功能,从而最终导致细胞死亡。

(2)PAW 协同温热处理对酿酒酵母细胞质膜通透性的影响

酿酒酵母菌悬液经 PAW 或 0.85%无菌生理盐水(SPS)于不同温度(40～50℃)处理 6 min 后,采用 PI 评价 PAW 协同温热处理对酿酒酵母细胞质膜通透性的影响,结果见图 3-23 和图 3-24。采用荧光显微镜观察酿酒酵母细胞 PI 染色情况。由图 3-23 可知,对照组未观察到红色荧光酿酒酵母细胞;经 PAW 于

25℃处理 6 min 后,观察到少量具有红色荧光的酿酒酵母细胞,而于 50℃ 处理 6 min 后,未观察到具有红色荧光的酿酒酵母细胞。与单独 PAW 或 50℃单独处理细胞相比,PAW 协同温热(50℃)处理后,PI 染色酿酒酵母细胞数量明显增多,表明其细胞膜发生损伤。

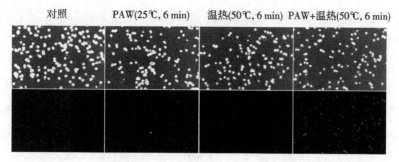

图 3-23　酿酒酵母细胞经 PI 染色后的荧光显微镜图像(400×)

由图 3-24 可知,与对照组细胞相比,经 PAW 于 25℃ 单独处理 6 min 后,酿酒酵母细胞中 PI 荧光强度显著升高($p<0.05$),而经温热(40~50℃)单独处理 6 min 后,酿酒酵母细胞中 PI 荧光强度均未发生显著变化($p>0.05$)。与 PAW 或温热单独处理相比,经 PAW 协同温热(40~50℃)处理 6 min 后,酿酒酵母细胞 PI 荧光强度显著增强($p<0.05$),以上结果表明 PAW 协同温热处理能够显著增强酿酒酵母细胞质膜通透性。

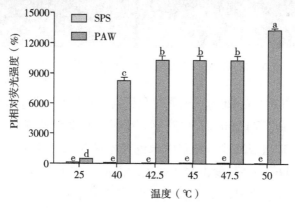

图 3-24　PAW 协同温热对酿酒酵母细胞质膜完整性的影响
误差线上标注不同字母表示各组差异显著(LSD 法,$p<0.05$)

以上结果表明,PAW 协同温热(50℃)处理显著增强酿酒酵母细胞质膜的通透性,造成核酸、蛋白等胞内物质释放到胞外(见图 3-22),从而导致酿酒酵母失活,这可能是 PAW 协同温热发挥杀菌作用的重要机制之一。

（3）PAW 协同温热处理对酿酒酵母胞内活性氧水平的影响

ROS 作为一类生物有氧代谢的产物,主要包括过氧化氢(H_2O_2)、氧自由基、羟基自由基等。利用荧光探针 DCFH-DA 可以检测胞内 ROS 水平。DCFH-DA 作为一种非荧光分子,可以穿过细胞膜扩散到细胞内,被胞内酯酶脱去乙酰基变为无荧光的 2′,7′-二氯二氢荧光素(dichlorofluorescin,DCFH),而当 ROS 存在时,位于细胞内的 DCFH 可迅速氧化为高荧光的 2′,7′-二氯荧光素(dichlorofluorescei,DCF),并且荧光强度与胞内 ROS 含量成正比。酿酒酵母菌悬液经 PAW 或 0.85%无菌生理盐水(SPS)于不同温度(40~50℃)处理 6 min 后,离心收集细胞并重悬于 SPS,加入终浓度为 50 μmol/L 的 DCFH-DA 溶液并于 25℃避光反应 20 min,离心收集细胞并用磷酸盐缓冲液洗涤 2 次,重悬、制片并立即采用 Eclipse 80i 型荧光相差电动显微镜(日本 Nikon 公司)观察,结果见图 3-25。

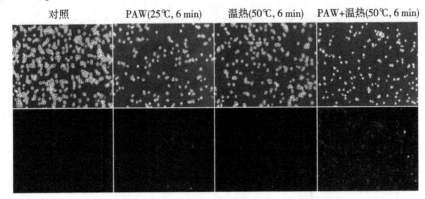

图 3-25　PAW 协同温热处理对酿酒酵母胞内 ROS 水平的影响(400×)

由图 3-25 可知,对照组未观察到绿色荧光酿酒酵母细胞;与对照组相比,经 PAW 在 25℃单独处理 6 min 后,仅观察到少量发出绿色荧光的酿酒酵母细胞;50℃温热单独处理组酿酒酵母细胞中绿色荧光强度无明显变化。经 PAW 协同温热(50℃)处理 6 min 后,发出绿色荧光酿酒酵母细胞数量明显增多。以上结果表明,PAW 与温热协同处理可显著升高酿酒酵母胞内 ROS 水平。ROS 过度积累会对脂类、蛋白质和 DNA 等生物分子造成氧化损伤,进而影响酿酒酵母正常生理代谢活动,最终导致细胞死亡。

（4）PAW 协同温热处理对酿酒酵母细胞线粒体膜电位的影响

线粒体是具有独立遗传基因的双层膜细胞器,普遍存在于大多数真核细胞中,为机体正常生理代谢提供能量。线粒体参与细胞内众多生理活动,包括细胞增殖、分化、衰老和凋亡等,然而,当线粒体功能损坏时,通常会诱导细胞损伤乃至死亡。JC-1是一种阳离子碳菁染料,是一种广泛应用于检测细胞线粒体膜电位(Δψm)的荧光探针。正常细胞的Δψm很高,JC-1聚集在线粒体基质(matrix)中,形成聚合物(J-aggregates),可以产生红色荧光,在线粒体膜电位较低时,JC-1主要以单体(monomer)的形式存在,可以产生绿色荧光。酿酒酵母菌悬液分别经PAW单独处理、温热单独处理(40~50℃)和PAW协同温热(40~50℃)处理2 min后,离心收集细胞并用JC-1缓冲液洗涤2次。加入JC-1染色工作液后于避光、30℃孵育20 min,离心收集细胞并用JC-1缓冲液洗涤2次,重悬后采用Tecan Spark 20型多功能酶标仪(瑞士Tecan公司)测定JC-1多聚体(红色)荧光强度,激发波长为525 nm,发射波长为590 nm,同时测定JC-1单体(绿色)荧光强度,激发波长为490 nm,发射波长为530 nm。相对Δψm表示为红色荧光强度与绿色荧光强度的比值,结果见图3-26。

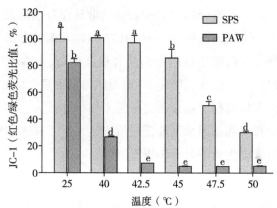

图3-26　PAW协同温热处理对酿酒酵母线粒体膜电位的影响
误差线上标注不同字母表示各组差异显著(LSD法,$p<0.05$)

由图3-26可知,与未处理组相比,PAW在25℃单独处理2 min后,酿酒酵母细胞中JC-1红色/绿色荧光比值降低了18%;经40℃和42.5℃温热单独处理2 min后,酿酒酵母细胞中JC-1的红色/绿色荧光比值均无显著性变化($p>0.05$),而经45、47.5和50℃温热单独处理2 min后,酿酒酵母细胞中JC-1红色/绿色荧光比值分别降低了14.1%、49.7%和69.6%($p<0.05$)。与PAW或温热单独处理相比,PAW协同温热(40~50℃)处理2 min后,酿酒酵母JC-1红色/绿色荧光比值均显著降低($p<0.05$)。以上结果表明,PAW温热协同处理能够显著降低酿酒酵母细胞的线粒体膜电位,且随着协同处理温度的升高,线粒体膜电

位下降幅度增大,进而影响细胞线粒体活性,破坏细胞的正常生理功能,最终导致酿酒酵母细胞死亡。

3.2.7 结论与展望

随着水浴温度(30、40、50、60、70、80℃)的升高,PAW 对 *L. monocytogenes*、*S. Typhimurium* 和 *E. coli* O157:H7 的杀菌能力显著降低,经预热处理(40~80℃)后,PAW 的 pH 和 ORP 值未发生显著变化,电导率和 NO_3^- 含量显著升高,H_2O_2 和 NO_2^- 含量显著降低,这可能是预热处理降低 PAW 杀菌能力的重要原因之一。经 PAW 或温热(60℃)单独处理 4 min 后,*E. coli* O157:H7 分别降低 0.77 和 1.78 个对数,而经 PAW-温热(60℃)协同处理 4 min 后,*E. coli* O157:H7 从初始的 8.29 $\log_{10}$ CFU/mL 降至检测限以下。PAW 协同 50℃处理 6 min 后,酿酒酵母细胞菌落数由初始的 6.75 $\log_{10}$ CFU/mL 降低至 2.35 $\log_{10}$ CFU/mL(减少了 4.40 个对数),而 PAW 和温热(50℃)处理后酿酒酵母仅分别降低 1.27 和 1.92 个对数。经 PAW-温热协同处理后,*E. coli* O157:H7 和酿酒酵母的细胞形态发生改变,细胞膜通透性增强,细胞内的蛋白质和核酸渗漏,胞内活性氧水平显著升高,线粒体膜电位显著降低,这可能是 PAW 温热协同处理灭活 *E. coli* O157:H7 和酿酒酵母的主要作用机制。在今后的研究工作中,应进一步采用转录组学、蛋白质组学等多组学技术在基因水平和蛋白质表达水平上深入阐明 PAW-温热协同处理杀灭食品有害微生物的分子作用机制。

3.3 PAW-尼泊金丙酯协同处理对大肠杆菌 O157:H7 的杀灭作用与机制

尼泊金酯(parabens)又称为对羟基苯甲酸酯,是国际上公认的三大广谱高效食品防腐剂之一。尼泊金酯类化合物具有稳定、低毒、高效等优点,且防腐效果不易随 pH 值的变化而变化,被美国、日本、欧洲等国家和地区批准用于调味品、水产品、肉制品、腌制品、酱制品、饮料、果蔬等的保鲜。前期研究发现,PAW-尼泊金丙酯(propylparaben,PP)协同处理对微生物具有良好的杀灭效果,但相关机制尚未阐明。因此,以大肠杆菌 O157:H7 为研究对象,系统研究 PAW-尼泊金丙酯协同处理对微生物的失活效果,通过评价大肠杆菌 O157:H7 细胞形态、细胞膜通透性等指标,揭示 PAW-尼泊金丙酯协同失活大肠杆菌 O157:H7 的作用机制,研究成果将为 PAW-尼泊金丙酯协同杀菌技术在食品工业的应用提供重要的理论依据。

3.3.1 尼泊金酯概述

（1）尼泊金酯的理化特性

尼泊金酯主要包括对羟基苯甲酸甲酯（尼泊金甲酯）、对羟基苯甲酸乙酯（尼泊金乙酯）、对羟基苯甲酸丙酯（尼泊金丙酯）、对羟基苯甲酸丁酯（尼泊金丁酯）等，其化学结构见图3-27。

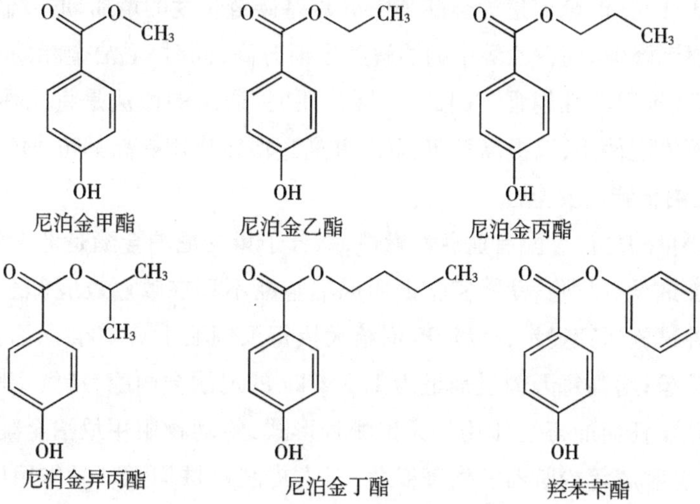

| 尼泊金甲酯 | 尼泊金乙酯 | 尼泊金丙酯 |
| 尼泊金异丙酯 | 尼泊金丁酯 | 羟苯苄酯 |

图3-27 几种尼泊金酯的化学结构

尼泊金酯类防腐剂多呈白色结晶或粉末，无臭，味微苦，在空气中较稳定，一般在 pH 3~5 时稳定，易溶于乙醇、乙醚、丙酮等有机溶剂。尼泊金酯类化合物的理化性质见表3-1。

表 3-1　尼泊金酯类化合物的理化性质

项目	尼泊金酯类化合物				
	尼泊金甲酯	尼泊金乙酯	尼泊金丙酯	尼泊金丁酯	尼泊金庚酯
化学式	$C_8H_8O_3$	$C_9H_{10}O_3$	$C_{10}H_{12}O_3$	$C_{11}H_{14}O_3$	$C_{14}H_{20}O_3$
分子量	152.15	166.18	180.21	194.23	236.31
CAS	99-76-3	120-47-8	94-13-3	94-26-8	1085-12-7
沸点（℃）	277-280	297-298	~300	309	~354
熔点（℃）	125~128	116~118	96~98	69~72	48~51
水中溶解度[a]（g/100 mL）	0.025	0.075	0.05	0.017	0.015

项目	尼泊金酯类化合物				
	尼泊金甲酯	尼泊金乙酯	尼泊金丙酯	尼泊金丁酯	尼泊金庚酯
乙醇溶解度(g/100 mL)	52	75	95	210	>210
苯酚抑菌效果倍数	3	8	17	32	—
pKa	8.17	8.22	8.35	8.37	8.27

注:a 表示 25℃。

从表 3-1 可知,随着尼泊金酯类中 R 烷基碳链长度的增加,尼泊金酯在水中的溶解度逐渐降低,而在乙醇中的溶解度逐渐升高,同时,尼泊金酯的沸点越高,熔点越低,其抗菌活性越强。因此,实际使用时,通常的做法是将几种尼泊金按一定的比例复配使用,以提高其溶解度,并通过增效作用提高其防腐能力。

(2)尼泊金酯的安全性

低分子量的尼泊金酯有亚急性毒性,高分子量的尼泊金酯是低毒化合物,作为食品添加剂没有危险,动物实验证明尼泊金酯不存在致癌效应(表 3-2)。动物慢性毒性试验研究显示,持续 96 周给大鼠每天饲喂 1.0 g/kg 尼泊金丙酯,未出现中毒现象;给狗每天饲喂剂量为 1.0 g/kg 的尼泊金丙酯,持续饲喂 1 年,结果亦未表现出任何的毒性作用。无论哪种形式,给动物服用尼泊金酯均未发现心、肺、肝、肾和胰等内脏器官病理变化,对人皮肤擦拭均无刺激作用(浓度低于 5%)。这是因为尼泊金酯在口服或静脉注射时,很快被水解,大部分以游离的对羟基苯甲酸及酯、醚的葡萄糖衍生物、甘氨酸结合物或硫酸结合物排出体外,在 24 h 的尿中也只检出 0.2% ~0.09%,48 h 完全排出体外。联合国粮农组织/世界卫生组织食品添加剂联合专家委员会(Joint FAO/WHO Expert Committee on Food Additives)建立的尼泊金酯的每日允许摄入量(acceptable daily intake,ADI)为 0~10 mg/kg,高于苯甲酸的 ADI 值(0~5 mg/kg),这间接表明尼泊金酯的毒性小于苯甲酸,且随着烷基链的增长,其毒性会进一步降低。另一方面,在同等条件下,对羟基苯甲酸酯在食品中的添加剂量比较小,通常只有常用防腐剂山梨酸、苯甲酸等添加量的 1/10~1/5,因而其使用相对更安全。

表 3-2　尼泊金酯类化合物的毒性研究

尼泊金酯种类	动物	研究结果
尼泊金甲酯和尼泊金丙酯	兔子和犬类	尼泊金甲酯对兔子和犬类的 LD_{100} 均为 3000 mg/kg;尼泊金丙酯对兔子和犬类的绝对致死剂量(LD_{100})分别为 6000 mg/kg 和 4000 mg/kg;尼泊金酯毒性随烷基碳链长度的增加而降低

尼泊金酯种类	动物	研究结果
尼泊金甲酯和尼泊金丙酯	小鼠	尼泊金甲酯及其钠盐对小鼠的口服半数致死剂量（LD_{50}）值分别高于 8000 mg/kg 和 2000 mg/kg；尼泊金丙酯及其钠盐的口服 LD_{50} 值分别高于 8000 mg/kg 和 3700 mg/kg；尼泊金甲酯及其钠盐对小鼠腹腔内给药的 LD_{50} 值分别为 960 mg/kg 和 760 mg/kg，尼泊金甲酯钠盐静脉给药的 LD_{50} 值约为 170 mg/kg；尼泊金丙酯及其钠盐对小鼠腹腔内给药的 LD_{50} 值分别为 640 mg/kg 和 490 mg/kg，尼泊金甲酯钠盐静脉给药的 LD_{50} 值约为 180 mg/kg
尼泊金丙酯	小鼠	LD_{50} 值为 6322 mg/kg；致死剂量的尼泊金丙酯可导致小鼠肌肉共济失调、抑郁和快速死亡
尼泊金甲酯和尼泊金丙酯	大鼠	尼泊金甲酯和尼泊金丙酯对大鼠的 LD_{50} 分别为 1200 mg/kg 和 1650 mg/kg
尼泊金甲酯	小鼠	经口服 100～5000 mg/kg 尼泊金甲酯后，小鼠的 LD_{50} 值为 2100 mg/kg；在剂量为 5000 mg/kg 时，小鼠在给药 24 h 后死亡
尼泊金甲酯	斑马鱼	尼泊金甲酯对受精 96 h 后胚胎期和幼鱼期斑马鱼的 LD_{50} 值为 0.065 mg/L

（3）尼泊金酯抗菌机制

研究发现，尼泊金酯具有与苯酚基类似的结构且具有脂溶性，可作用于微生物的细胞膜，能够通过破坏磷脂双分子层结构而干扰细胞膜正常转运过程并造成胞内物质释放到胞外，同时尼泊金酯也可能通过抑制某些微生物 DNA 和 RNA 的合成或 ATP 合成酶等关键酶的合成而发挥抗菌作用。此外，也有研究报道认为尼泊金甲酯发挥抑菌作用可能还与抑制微生物线粒体相应功能有关。

（4）尼泊金酯在食品保鲜领域的应用

尼泊金酯具有广谱的抑菌作用，能有效抑制霉菌、酵母菌和细菌的生长繁殖。与其他防霉剂相比，尼泊金酯具有防霉效果好、抗菌谱广、安全性好、生产成本低等诸多优点，世界上许多国家和地区允许尼泊金酯及其钠盐应用于食品，其最大添加量均可达到 0.1%。当几种尼泊金酯及其钠盐复配使用时，其总量不应该超过 0.1%。目前，尼泊金甲酯（欧盟食品添加剂编码为 E218）、尼泊金乙酯（E214）和尼泊金丙酯（E216）等广泛应用于果蔬（苹果、梨、卷心菜、云莓等）、乳制品（牛奶、酸奶等）、焙烤食品、肉制品、油脂、饮料、乳制品、果酱、调味酱、谷物、水产品、葡萄酒等的防腐保鲜。美国食品药品监督管理局（Food and Drug Administration，FDA）批准了尼泊金酯在食品中的应用，尼泊金甲酯和尼泊金丙酯在食品中的最大添加量为 0.1%。在日本,尼泊金甲酯、尼泊金乙酯、尼泊金异丙酯和尼泊金丁酯等被批准用作食品添加剂。加拿大卫生部颁布的食品药品条例(2016)批准了尼泊金甲酯和尼泊金丙酯的使用,而我国《食品安全国家标准 食品添加剂使用标准》(GB 2760—2014)规定尼泊金甲酯及其钠盐和尼泊金乙酯及其钠盐可作为防腐剂应用于食品工业,其使用范围和最大使用量见表3-3。

表3-3　尼泊金酯类在食品中的使用规定

食品名称	最大使用量(g/kg)	备注
经表面处理的鲜水果	0.012	以对羟基苯甲酸计
果酱(罐头除外)	0.25	以对羟基苯甲酸计
经表面处理的新鲜蔬菜	0.012	以对羟基苯甲酸计
焙烤食品馅料及表面用挂浆(仅限糕点馅)	0.5	以对羟基苯甲酸计
热凝固蛋制品(如蛋黄酪、松花蛋肠)	0.2	以对羟基苯甲酸计
醋	0.25	以对羟基苯甲酸计
酱油	0.25	以对羟基苯甲酸计
酱及酱制品	0.25	以对羟基苯甲酸计
蚝油、虾油、鱼露等	0.25	以对羟基苯甲酸计
果蔬汁(浆)类饮料	0.25	以对羟基苯甲酸计,固体饮料按稀释倍数增加使用量
碳酸饮料	0.2	以对羟基苯甲酸计,固体饮料按稀释倍数增加使用量
风味饮料(仅限果味饮料)	0.25	以对羟基苯甲酸计,固体饮料按稀释倍数增加使用量

3.3.2　尼泊金丙酯单独处理对大肠杆菌 O157：H7 的杀灭作用

将尼泊金丙酯(PP)溶解于无水乙醇中,浓度分别为 10、20、30 和 40 mmol/L,备用;将 100 μL *E. coli* O157：H7 菌液、800 μL 0.85%无菌生理盐水和 100 μL PP 溶液充分混匀,PP 在混合溶液中的最终浓度分别为 1、2、3 和 4 mmol/L,于室温孵育 10 min。反应结束后,采用无菌生理盐水(0.85%,*w/v*)进行 10 倍梯度稀释,取 100 μL 合适梯度的稀释液涂布于 TSA 平板,于 37℃培养 24 h 进行菌落计数。不同浓度 PP 对 *E. coli* O157：H7 的失活效果见图 3-28。

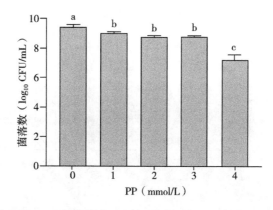

图 3-28 PP 单独处理 10 min 对 *E. coli* O157：H7 的影响
误差线上标注不同字母表示各组差异显著(LSD 法，$p<0.05$)

如图 3-28 所示，大肠杆菌 O157：H7 的初始菌落数为 9.42 $\log_{10}$ CFU/mL，经终浓度为 1~3 mmol/L 的 PP 处理 10 min 后，*E. coli* O157：H7 数量仅降低了 0.40~0.68 个对数，而经终浓度为 4 mmol/L 的 PP 处理 10 min 后，*E. coli* O157：H7 数量降低了 2.18 个对数。Ding 等研究发现，经终浓度为 5.5 mmol/L 的 PP 处理 30 min，*E. coli* O157：H7 降低超过 5 $\log_{10}$ CFU/mL。

3.3.3　PAW-尼泊金丙酯协同处理对大肠杆菌 O157：H7 的杀灭作用

(1)APPJ 放电时间对 PAW 协同 PP 失活大肠杆菌 O157：H7 效果的影响

采用大气压等离子体射流(APPJ)装置制备 PAW。将 200 mL 无菌去离子水(SDW)在 APPJ 下处理 30 s 和 60 s 得到 PAW30 和 PAW60，备用。所用工作气体为压缩空气(0.18 MPa)、其输出功率为 750 W，喷头与 SDW 液面的距离设为 0.35 cm。对照组：将 100 µL *E. coli* O157：H7 菌悬液、800 µL 0.85%无菌 NaCl 溶液与 100 µL 无菌水混合均匀，于室温反应 10 min；PAW 单独处理：将 100 µL *E. coli* O157：H7 菌悬液、100 µL 0.85%无菌 NaCl 溶液与 800 µL PAW30(或 PAW60)混合均匀，于室温反应 10 min；PP 单独处理：将 *E. coli* O157：H7 菌悬液(100 µL)、0.85%无菌 NaCl 溶液(800 µL)和 PP 溶液(100 µL)混合均匀，PP 终浓度为 3 mmol/L，于室温反应 10 min；PAW 协同 PP 处理：将 *E. coli* O157：H7 菌悬液(100 µL)、PAW30 或 PAW60(800 µL)和 PP 溶液(100 µL)混合均匀，PP 终浓度为 3 mmol/L，于室温反应 10 min。样品经不同处理后，采用 TSA 平板进行菌落计数，实验结果见图 3-29。

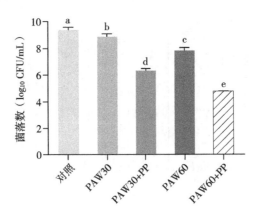

图 3-29　PAW 协同 PP(3 mmol/L)处理对 *E. coli* O157：H7 的失活作用
误差线上标注不同字母表示各组差异显著(LSD 法,$p<0.05$)

从图 3-29 可知,PAW-PP 协同处理能够有效杀灭 *E. coli* O157：H7,且其协同抗菌效果与 PAW 的制备时间有关。PAW60 和 PP(3 mmol/L)同时处理 10 min 后,*E. coli* O157：H7 菌落数减少了 4.67 个对数,显著高于同等浓度 PP 和 PAW30 同时处理 10 min(减少了 3.07 个对数)。这可能是因为等离子体长时间的放电会在 PAW 中产生更多的活性物质。因此,选择 PAW60 用于后续研究。

(2)PP 浓度对 PAW60 协同 PP 失活大肠杆菌 O157：H7 效果的影响

采用 APPJ 装置制备 PAW60,备用。研究 PP 浓度对 PAW60 协同 PP 失活大肠杆菌 O157：H7 效果的影响。对照组:将 100 μL *E. coli* O157：H7 菌悬液、800 μL 0.85%无菌 NaCl 溶液与 100 μL 无菌水混合均匀,于室温反应 10 min;PAW60 单独处理:将 100 μL 大肠杆菌 O157：H7 菌悬液、100 μL 0.85%无菌 NaCl 溶液与 800 μL PAW60 混合均匀,于室温反应 10 min;PP 单独处理:将大肠杆菌 O157：H7 菌悬液(100 μL)、0.85%无菌 NaCl 溶液(800 μL)和 PP 溶液(100 μL)混合均匀,PP 最终浓度分别为 1、2、3 和 4 mmol/L,于室温反应 10 min;PAW60 协同 PP 处理:将大肠杆菌 O157：H7 菌悬液(100 μL)、PAW60(800 μL)和 PP 溶液(100 μL)混合均匀,PP 最终浓度分别为 1、2、3 和 4 mmol/L,于室温反应 10 min。反应结束后,采用无菌生理盐水(0.85%,*w/v*)进行 10 倍梯度稀释,取 100 μL 合适梯度的稀释液涂布于 TSA 平板,于 37℃培养 24 h 进行菌落计数。PP 浓度对 PAW60-PP 协同失活 *E. coli* O157：H7 效果的影响见图 3-30。

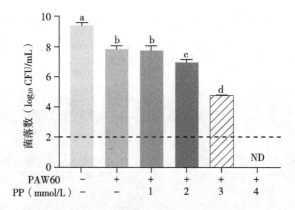

图 3-30　PAW60 协同 PP 处理对 *E. coli* O157：H7 的失活作用
误差线上标注不同字母表示各组差异显著（LSD 法，$p<0.05$）
注：+表示添加，-表示未添加。

如图 3-30 所示，PAW60 本身对 *E. coli* O157：H7 的失活作用较弱。经 PAW60 单独处理 10 min 后，*E. coli* O157：H7 数量从初始的 9.42 $\log_{10}$ CFU/mL 下降至 7.87 $\log_{10}$ CFU/mL，仅降低了 1.55 个对数。由图 3-28 可知，终浓度为 1~3 mmol/L 的 PP 未能够有效杀灭 *E. coli* O157：H7 细胞，而经终浓度为 4 mmol/L 的 PP 处理 10 min 后，*E. coli* O157：H7 数量降低了 2.18 个对数。相比之下，PAW60 与 PP 的协同表现出更强的抗菌活性。当 PP（终浓度为 1、2 和 3 mmol/L）与 PAW60 协同处理 10 min 后，*E. coli* O157：H7 菌落数分别减少了 0.64、2.43 和 4.66 个对数（$p<0.05$），而经 PAW60 与 4 mmol/L PP 协同处理 10 min 后，*E. coli* O157：H7 菌落数降低至低于检测值。以上结果表明，PAW 协同 PP 处理可以显著增强对 *E. coli* O157：H7 的杀灭效果，且协同失活效果随 PP 浓度的升高而增强。

3.3.4　PAW-尼泊金丙酯协同杀灭大肠杆菌 O157：H7 的作用机制

（1）PAW-尼泊金丙酯协同对大肠杆菌 O157：H7 细胞形态的影响

E. coli O157：H7 细胞经 PAW60、PP（4 mmol/L）、PAW+PP（4 mmol/L）处理 10 min 后，离心收集菌体，经 2.5% 戊二醛溶液固定、乙醇溶液逐级脱水、乙酸异戊酯置换乙醇、干燥和喷金等处理后，采用 JSM-7001 场发射扫描电子显微镜（日本 JEOL 公司）进行观察并拍照。图 3-31 为 *E. coli* O157：H7 经 PAW、PP（4 mmol/L）、PAW+PP（4 mmol/L）处理 10 min 后的细胞形态变化。

由图 3-31（A）可知，未处理组 *E. coli* O157：H7 细胞呈杆状，形态规则，表

图 3-31　PAW60 协同 PP 处理后 *E. coli* O157：H7 细胞的 FE-SEM 图像
(A)为未处理组细胞；(B)、(C)和(D)分别为 PAW60、PP(4 mmol/L)、
PAW+ PP(4 mmol/L)处理 10 min 的细胞

面光滑完整；经 PAW 或 PP(4 mmol/L)单独处理 10 min 后，*E. coli* O157：H7 细胞出现褶皱，表面粗糙[图 3-31(B)和 3-31(C)]。经 PAW60 协同 PP(终浓度为 4 mmol/L)处理 10 min 后，大部分 *E. coli* O157：H7 细胞形态发生明显变化，细胞形状更加萎缩，结构崩塌，明显的凹陷[如图 3-31(D)所示]。以上结果表明，PAW 与 PP 协同作用引起 *E. coli* O157：H7 细胞明显的形态学改变，这可能是造成其失活的主要机制之一。

(2)PAW 协同 PP 处理对大肠杆菌 O157：H7 细胞膜完整性的影响

通过测量细胞内成分的释放来研究 PAW60 和 PP 协同处理对 *E. coli* O157：H7 细胞膜完整性的影响。*E. coli* O157：H7 菌悬液分别经 PAW60 单独处理、PP(终浓度分别为 1、2、3 和 4 mmol/L)单独处理和 PAW60 协同 PP(终浓度分别为 1、2、3 和 4 mmol/L)处理 10 min 后，在 12000×*g*、4℃条件下离心 2 min。取上清液并采用 Nano Drop 2000 超微量分光光度计(美国 Thermo Scientific 公司)测定其核酸(260 nm)和蛋白(280 nm)含量，结果见图 3-32。

由图 3-32 可知，与对照组细胞相比，PAW60 单独处理组 *E. coli* O157：H7 胞外核酸含量和蛋白含量均未发生显著变化($p>0.05$)。经终浓度为 1 mmol/L

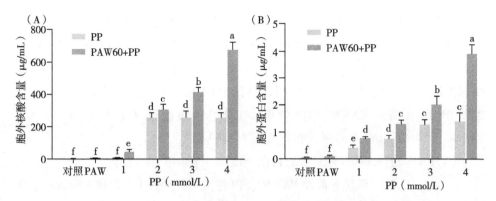

图 3-32　PAW60 协同 PP 处理对 *E. coli* O157：H7 细胞膜通透性的影响
(A)胞外核酸含量;(B)胞外蛋白含量
误差线上标注不同字母表示各组差异显著(LSD 法,$p<0.05$)

的 PP 溶液单独处理 10 min 后,*E. coli* O157：H7 胞外核酸含量也未发生显著变化($p>0.05$)。而经终浓度为 2~4 mmol/L 的 PP 单独处理后,*E. coli* O157：H7 胞外核酸浓度显著升高($p<0.05$)。与 PAW60 或 PP 单独处理组细胞相比,PAW60+PP(1~4 mmol/L)处理组 *E. coli* O157：H7 胞外核酸浓度显著升高。*E. coli* O157：H7 胞外蛋白质浓度也出现类似的变化趋势[见图 3-32(B)]。以上结果表明,PAW 协同 PP 处理后,破坏了 *E. coli* O157：H7 的细胞膜完整性,导致蛋白质、核酸等胞内组分泄露,进而影响其正常的代谢活性,从而最终导致细胞死亡。

(3)PAW60 协同 PP 处理对大肠杆菌 O157：H7 细胞质膜通透性的影响

E. coli O157：H7 菌悬液经 PAW60、PP(终浓度分别为 1、2、3 和 4 mmol/L)和 PAW60 协同 PP(终浓度分别为 1、2、3 和 4 mmol/L)处理 10 min,采用 PI 荧光探针研究 PAW60 协同 PP 处理对 *E. coli* O157：H7 细胞质膜通透性的影响,结果见图 3-33。

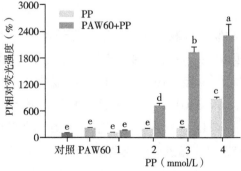

图 3-33　PAW60 协同 PP 处理对 *E. coli* O157：H7 细胞质膜完整性的影响
误差线上标注不同字母表示各组差异显著(LSD 法,$p<0.05$)

由图 3-33 可知,对照组 E. coli O157:H7 细胞膜完整,未被 PI 染色。与单独 PAW60 或 PP(终浓度分别为 1~4 mmol/L)处理组相比,PAW60 和 PP 协同处理组 E. coli O157:H7 细胞的 PI 荧光强度显著增强。经 PAW60 和 PP(4 mmol/L)协同处理 10 min 后,E. coli O157:H7 细胞中 PI 相对荧光强度较对照组提高了 22.2 倍,显著高于 PAW60 单独处理(与对照组相比升高了 1.17 倍)和 PP(4 mol/L)单独处理(与对照组相比升高了 7.89 倍)。

(4)PAW 协同 PP 处理对大肠杆菌 O157:H7 膜电位的影响

E. coli O157:H7 菌悬液经 PAW60、PP(终浓度分别为 1、2、3 和 4 mmol/L)和 PAW60+PP(终浓度分别为 1、2、3 和 4 mmol/L)处理 10 min 后,离心收集细胞,依次加入 500 μL 浓度为 5 μg/mL 的 DiBAC$_4$(3)溶液和 500 μL 浓度为 8 mmol/L 的 EDTA 溶液并混匀,置于 37℃暗处培养 15 min,离心,弃去上清液。菌体用 PBS 洗涤 2 次并重悬,采用 Tecan Spark 20 型多功能酶标仪(瑞士 Tecan 公司)测定样品荧光强度,激发波长为 488 nm,发射光波长为 525 nm,以未处理的样品为空白对照计算相对荧光强度,结果见图 3-34。

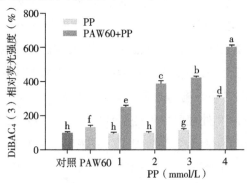

图 3-34 PAW60 协同 PP 处理对 E. coli O157:H7 细胞膜电位的影响
误差线上标注不同字母表示各组差异显著(LSD 法,$p<0.05$)

DiBAC$_4$(3)是一种膜电位敏感的亲脂性阴离子荧光染料。DiBAC$_4$(3)本身无荧光,当进入去极化细胞后与细胞内富含的脂质成分结合而使细胞内的荧光强度增强。由图 3-34 可知,经 PAW60 和 PP(终浓度分别为 1、2、3 和 4 mmol/L)协同处理 10 min 后,E. coli O157:H7 菌悬液的荧光强度明显增加,显著高于 PAW60 或 PP(1~4 mmol/L)单独处理组。当 PAW60 和 PP(4 mmol/L)协同处理 10 min 后,E. coli O157:H7 菌悬液的荧光强度较对照组提高了 505.6%,显著高于 PAW60 单独处理(提高了 34.6%)或 4 mmol/L PP 单独处理组(提高了

208.5%)。膜电位在调节细菌能量转换、pH 稳态、主动运输和环境感应等方面发挥着重要作用。以上结果表明，PAW60 和 PP 同时处理会导致微生物细胞膜发生去极化和破裂，从而损伤细胞代谢，导致 *E. coli* O157：H7 细胞死亡。综上所述，细胞膜可能是 PAW 和 PP 协同失活 *E. coli* O157：H7 的重要靶点之一。

（5）PAW 协同 PP 处理对大肠杆菌 O157：H7 胞内活性氧水平的影响

E. coli O157：H7 菌悬液经 PAW60、PP（终浓度分别为 1、2、3 和 4 mmol/mL）和 PAW60+PP（终浓度为 2 mmol/mL）处理 10 min 后，离心收集细胞，采用 DCFH-DA 荧光探针检测胞内 ROS 水平。PAW 协同 PP 处理对大肠杆菌 O157：H7 胞内活性氧水平的影响见图 3-35。

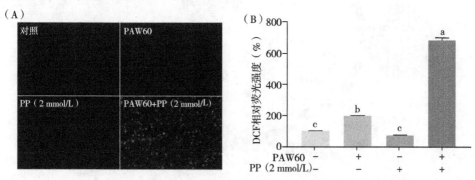

图 3-35　PAW60 协同 PP 处理对 *E. coli* O157：H7 细胞内 ROS 水平的影响
（A）大肠杆菌细胞的代表性荧光图像（400×）；（B）定量大肠杆菌细胞中 ROS 的荧光密度
误差线上标注不同字母表示各组差异显著（LSD 法，$p<0.05$）
注：+表示添加，-表示未添加。

由图 3-35（A）可知，与未处理组细胞相比，PAW60 单独处理或 PP（2 mmol/L）单独处理 10 min 后，*E. coli* O157：H7 细胞内 ROS 水平没有明显升高；与此相反，经 PAW60 和 PP（2 mmol/L）协同处理 10 min 后，发出绿色荧光的 *E. coli* O157：H7 细胞数量显著增多。同时采用 Tecan Spark 20 型多功能酶标仪（瑞士 Tecan 公司）测定各组细胞中 DCF 荧光强度。结果表明［图 3-35（B）］，与未处理组细胞相比，经 PAW60 单独处理 10 min 后，*E. coli* O157：H7 细胞中 DCF 荧光强度显著升高了 0.98 倍（$p<0.05$），而 PP（2 mmol/L）单独处理组 *E. coli* O157：H7 细胞中 DCF 荧光强度无显著变化（$p>0.05$）。当 PAW60 与 PP（2 mmol/L）协同处理 10 min 后，*E. coli* O157：H7 细胞中 DCF 荧光强度增加了 5.85 倍（$p<0.05$）。以上结果表明，PAW 协同 PP 显著诱导了 *E. coli* O157：H7 细胞中 ROS 的积累。

（6）PAW60 协同 PP 处理失活大肠杆菌 O157：H7 的可能机制

如图 3-36 所示，PAW 和 PP 使 *E. coli* O157：H7 细胞失活的主要原因可能是膜损伤和氧化损伤。PAW 和 PP 协同处理破坏了 *E. coli* O157：H7 的细胞膜结构和跨膜电位，导致蛋白质、核酸等细胞内物质泄露和代谢功能紊乱。此外，氧化应激在失活过程中也起主导作用。PAW 中的 ROS、RNS 等组分可能会对 *E. coli* O157：H7 细胞的脂质、蛋白质和 DNA 等造成氧化损伤，最终导致细胞死亡。

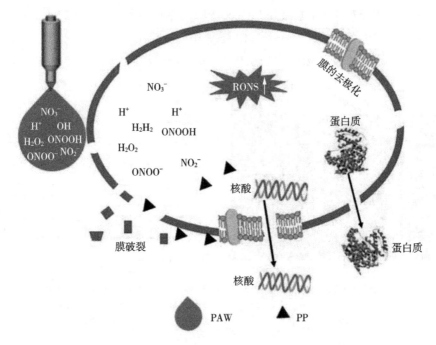

图 3-36　PAW60 协同 PP 处理失活 *E. coli* O157：H7 的可能机制

3.3.5　结论与展望

与 PAW 或尼泊金丙酯单独处理相比，PAW60 协同尼泊金丙酯（1、2、3 和 4 mmol/L）能够显著灭活 *E. coli* O157：H7（$p<0.05$）。经 PAW60 与尼泊金丙酯（终浓度为 4 mmol/L）协同处理 10 min 后，*E. coli* O157：H7 数量从初始的 9.42 $\log_{10}$ CFU/mL 减少至低于检测限水平。PAW 和尼泊金丙酯协同处理破坏了 *E. coli* O157：H7 细胞膜结构和跨膜电位，导致胞内物质释放和代谢功能紊乱。此外，氧化应激在 PAW-PP 协同失活大肠杆菌 O157：H7 过程中也可能发挥了重要作用。在今后的工作中，首先应综合运用转录组学、蛋白质组学等多组学技术在基因水平和蛋白质表达水平上深入阐明 PAW-尼泊金丙酯协同处理杀

灭食品有害微生物的分子作用机制,同时还应系统研究 PAW-尼泊金丙酯协同处理对食品表面微生物的杀灭效果及对食品营养和感官品质的影响。

3.4 PAW-月桂醇聚醚硫酸酯钠协同处理对酿酒酵母的杀灭作用与机制

近年来,基于表面活性剂—酸的协同杀菌技术在食源性致病菌控制领域的潜在应用受到了广泛关注。有研究表明,3% 乙酰丙酸和 2% 十二烷基硫酸钠(SDS)协同处理显著失活大肠杆菌 O157:H7 与沙门氏菌形成的生物膜。Kang 也得到了类似的结果。Kang 等研究发现,依次经终浓度为 0.1% 的吐温和 1% 的柠檬酸溶液各清洗 5 min 后,紫苏叶表面好氧细菌总数降低了 2.61 个对数。考虑到 PAW 的 pH 值较低,与表面活性剂联合使用可能会提高 PAW 对微生物的灭活效果。然而,关于 PAW 和表面活性剂协同处理的抗真菌活性和作用机制的研究尚不充分。因此,本小节拟以较难杀灭的酿酒酵母为研究对象,探讨了 PAW 与月桂醇聚醚硫酸酯钠协同处理对酿酒酵母的杀灭效果及在食品接触面材料中的应用,并通过评价酿酒酵母细胞形态、细胞膜通透性、膜脂质过氧化、细胞线粒体膜电位等指标的变化阐明 PAW 和 SLES 协同失活酿酒酵母的作用机制,以期为 PAW-表面活性剂协同杀菌技术在食品工业的应用提供理论依据。

3.4.1 月桂醇聚醚硫酸酯钠概述

(1)月桂醇聚醚硫酸酯钠

月桂醇聚醚硫酸酯钠(sodium laureth sulfate,SLES)又称为十二烷基聚氧乙醚硫酸钠,存在于多种个人护理用品(香皂、洗发精、牙膏等)中,是一种廉价且高效的清洁剂和阴离子表面活性剂。目前,SLES 被认为是一种安全的食品添加剂(10~5000 ppm),被批准用于动物脂肪、植物油、果汁和饮料、明胶、棉花糖等,其化学结构如图 3-37 所示。

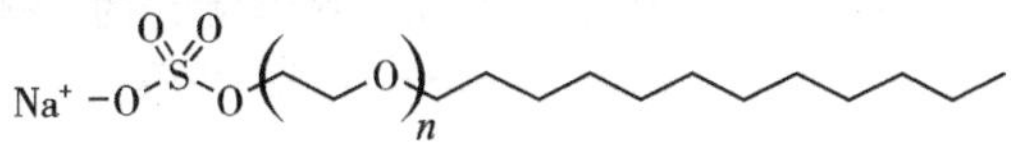

图 3-37　SLES 的化学结构

(2)SLES 抗菌活性

Jackson-Davis 等研究了乳酸—柠檬酸混合溶液(lactic-citric acid,LCA)和

SLES 溶液协同处理对产志贺毒素大肠杆菌的灭活效果,发现 LCA 或 SLES 单独处理时对产志贺毒素大肠杆菌无显著影响,然而分别采用 SLES(0.05% 和 0.5%)溶液协同 LCA 混合剂(2.4%)处理后,产志贺毒素大肠杆菌总数分别降低了 2.9 和 4.6 个对数($p<0.05$)。以上结果表明,SLES 与酸协同处理能够增强对微生物的失活效果。此外,Byelashov 等采用乳酸(5%)和 SLES(0.5%)单独或协同处理(喷洒)法兰克香肠并于 4℃贮存 90 d 后,协同处理组香肠表面的单增李斯特菌生长速率显著低于对照组(无菌水喷洒)。综上可知,表面活性剂单独或与其他抗菌剂联合使用可有效杀灭食物中及与食物接触表面的微生物,并有效保持食品的营养和感官品质。

3.4.2 SLES 单独处理对酿酒酵母的杀灭作用

将 SLES 溶解在无菌去离子水(SDW)中,浓度分别为 1.0、5.0、10.0 和 25.0 mg/mL,随后将酵母菌悬液(100 μL)、0.85% 无菌 NaCl 溶液(800 μL)和 SLES 溶液(100 μL)混匀,SLES 最终浓度分别为 0.1、0.5、1.0 和 2.5 mg/mL,于室温孵育 20 min。处理结束后,采用无菌生理盐水(0.85%,w/v)进行 10 倍梯度稀释,取 100 μL 稀释液涂布于 YPD 平板,于 30℃培养箱中培养 48 h 进行菌落计数。不同浓度 SLES 对酿酒酵母的失活效果见图 3-38。

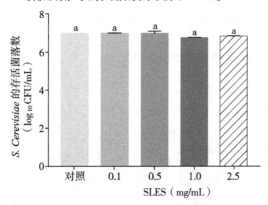

图 3-38　SLES 单独处理 20 min 对酿酒酵母的影响
误差线上标注相同字母表示各组差异不显著(LSD 法,$p>0.05$)

如图 3-38 所示,SLES(终浓度为 0.1、0.5、1.0 和 2.5 mg/mL)单独处理 20 min 后,酿酒酵母菌落数均未发生显著变化($p>0.05$),表明终浓度为 0.1～ 2.5 mg/mL 的 SLES 单独处理对酿酒酵母无杀灭作用。

3.4.3 PAW-SLES 协同处理对酿酒酵母的杀灭作用

将 300 mL 无菌去离子水(SDW)在 APPJ 下处理 90 s 得到 PAW,于室温下放置 30 min,备用。

(1)PAW 协同 SLES 处理对酿酒酵母的失活效果

PAW 单独处理:将 100 μL 酿酒酵母菌悬液、100 μL 0.85%无菌 NaCl 溶液与 800 μL PAW 混合均匀,于室温反应 20 min;SLES 单独处理:将酵母菌悬液 (100 μL)、0.85%无菌 NaCl 溶液(800 μL)和 SLES 溶液(100 μL)混合均匀, SLES 最终浓度分别为 0.01、0.05、0.10、0.25 和 0.5 mg/mL,于室温反应 20 min; PAW 协同 SLES 处理:将酵母菌悬液(100 μL)、PAW(800 μL)和 SLES 溶液 (100 μL)混合均匀,SLES 最终浓度分别为 0.01、0.05、0.10、0.25 和 0.5 mg/mL, 于室温反应 20 min。样品经不同处理后,进行 10 倍梯度稀释,取 100 μL 适当稀释度的菌液涂布在 YPD 平板,于 30℃ 培养 48 h 后进行菌落计数。PAW 协同 SLES 处理对酿酒酵母的失活效果见图 3-39。

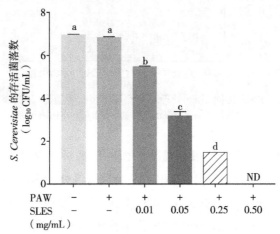

图 3-39　PAW 协同 SLES 处理对酿酒酵母的失活作用
误差线上标注不同字母表示各组差异显著(LSD 法,$p<0.05$)
注:+表示添加,-表示未添加。

如图 3-39 所示,采用 PAW 单独处理 20 min 后,酿酒酵母细胞数无显著降低 ($p>0.05$)。采用 PAW 协同不同浓度的 SLES(终浓度为 0.01、0.05 和 0.25 mg/mL)处理 20 min 后,酿酒酵母数量分别降低 1.47、3.75 和 5.47 个对数 ($p<0.05$);当 PAW 协同终浓度为 0.50 mg/mL 的 SLES 处理 20 min 后,酿酒酵母

数量显著降低,由初始值 6.95 $\log_{10}$ CFU/mL 降低至检测限以下。以上结果表明,PAW 协同 SLES 处理可以显著提高对酵母细胞的杀灭效能。

(2)PAW 协同 SLES 处理对聚乙烯膜表面酿酒酵母的影响

将聚乙烯薄膜裁剪成 3 cm×3 cm 的方片,用 75% 酒精消毒后在超净工作台晾干(30 min),待用。将 50 μL 制备好的酵母菌悬液均匀接种在聚乙烯薄膜片表面,随后在超净工作台放置 30 min。然后取 4 个聚乙烯薄膜片分别放入装有 30 mL 无菌生理盐水、PAW、SLES(2.5 mg/mL)和 PAW+SLES(2.5 mg/mL)的 50 mL 离心管中,于室温反应 30 min,随后进行漩涡剧烈震荡 1 min,混匀后稀释至合适梯度,取 100 μL 稀释液于 YPD 平板并涂布,于 30℃培养箱中培养 48 h,随后进行菌落计数,结果见图 3-40。

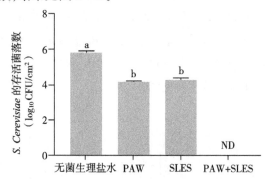

图 3-40　PAW 协同 SLES 处理对聚乙烯膜表面酿酒酵母的失活作用
误差线上标注不同字母表示各组差异显著(LSD 法,$p<0.05$)

如图 3-40 所示,接种到聚乙烯膜表面的酿酒酵母菌落数约为 5.84 $\log_{10}$ CFU/cm^2;采用 PAW 或 SLES(2.5 mg/mL)单独清洗处理 30 min 后,接种于聚乙烯膜表面的酿酒酵母分别降低了 1.68 和 1.56 个对数;然而当 PAW 协同 SLES (2.5 mg/mL)处理 30 min 后,接种于聚乙烯膜表面的酿酒酵母降低至检测限以下。以上结果表明,PAW 协同 SLES 处理可以显著提高聚乙烯膜表面酵母细胞的灭活效率。PAW-SLES 协同处理可用于食品接触材料的表面杀菌处理。

3.4.4　PAW-SLES 协同杀灭酿酒酵母的作用机制

(1)酿酒酵母细胞形态的变化

酿酒酵母经 PAW、SLES(0.5 mg/mL)和 PAW+SLES(0.5 mg/mL)处理 20 min 后,采用 JSM-6490LV 型扫描电子显微镜(日本 JEOL 公司)酿酒酵母细胞经 PAW 协同 SLES 处理后的细胞形态变化,结果见图 3-41。

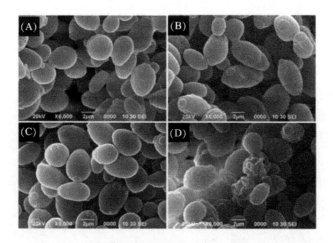

图 3-41　PAW 协同 SLES 处理对酿酒酵母表面形态的影响
（A）对照；（B）PAW；（C）SLES(0.50 mg/mL)；（D）PAW+SLES(0.50 mg/mL)

由图 3-41(A)可知,未处理组酵母细胞形态规则,表面光滑完整;经 PAW 单独处理 20 min 后,酵母细胞的形态略有变化[图 3-41(B)];0.50 mg/mL 的 SLES 处理 20 min 后,酵母细胞的外部形态未发生明显变化[图 3-41(C)];但是经 PAW 协同终浓度为 0.50 mg/mL 的 SLES 处理 20 min 后,酿酒酵母细胞形态发生明显变化,如图 3-41(D)所示,细胞皱缩,表面出现不规则褶皱,变形严重。以上研究结果表明,PAW 协同 SLES 处理导致酵母细胞形态损伤,出现孔洞和褶皱,有可能进一步使细胞膜通透性改变,导致细胞质成分渗漏,最终影响微生物的正常生理功能。

（2）PAW 协同 SLES 处理对酿酒酵母细胞膜完整性的影响

通过测定细胞内蛋白质和核酸的释放量来评估酿酒酵母细胞膜完整性。酿酒酵母分别经 PAW 单独处理、SLES(终浓度分别为 0.01、0.05、0.10、0.25 和 0.5 mg/mL)单独处理和 PAW 协同 SLES(0.01、0.05、0.10、0.25 和 0.5 mg/mL)处理 20 min 后,在 $12000 \times g$、4℃条件下离心 2 min,取上清液并采用 Nano Drop 2000-型超微量分光光度计测定其核酸(260 nm)和蛋白(280 nm)含量,结果见图 3-42。

由图 3-42(A)可知,与对照组相比,PAW 单独处理组酿酒酵母胞外核酸含量显著增加,而 SLES(终浓度为 0.01、0.05、0.25 和 0.50 mg/mL)单独处理组酵母细胞外核酸含量未发生显著变化($p>0.05$)。但经 PAW 协同 SLES 处理后,胞外核酸释放量随 SLES 浓度的升高而显著增加($p<0.05$)。胞外蛋白质释放量也

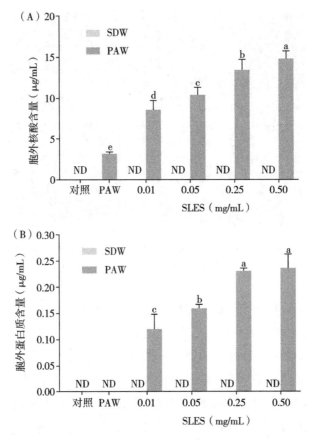

图 3-42　PAW 协同 SLES 处理对酿酒酵母细胞核酸(A)和蛋白质(B)释放量的影响
误差线上标注不同字母表示各组差异显著(LSD 法,$p<0.05$)

出现类似的变化[见图 3-42(B)]。细胞质膜的完整性对微生物的正常生理代谢至关重要,细胞内核酸和蛋白质等重要物质的泄露是导致细胞死亡的重要原因。以上结果表明,PAW 协同 SLES 处理后,酵母细胞的膜完整性被破坏,从而导致细胞内核酸、蛋白质等组分泄露,最终可能导致细胞死亡。

(3)PAW 协同 SLES 处理对酿酒酵母细胞质膜通透性的影响

酿酒酵母分别经 PAW 单独处理、SLES(终浓度为 0.01 mg/mL)单独处理和 PAW 协同 SLES(0.01 mg/mL)处理 20 min 后,进行 PI 染色,采用 Eclipse 80i 型荧光相差电动显微镜(日本 Nikon 公司)观察,结果见图 3-43。

由图 3-43 可知,未处理的酿酒酵母细胞细胞膜完整未被 PI 染色;与对照组细胞相似,PAW 单独处理组或 SLES 单独处理(终浓度为 0.01 mg/mL)组细胞也未被 PI 染色。然而,经 PAW 协同 SLES(0.01 mg/mL)处理 20 min 后,红色荧光

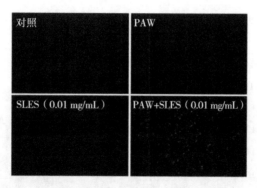

图 3-43　荧光显微镜观察 PI 染色的酿酒酵母细胞(400×)

标记的酿酒酵母细胞数量显著增多。综上所述,PAW 协同 SLES 处理能够显著增强酿酒酵母细胞质膜的通透性,造成胞内物质(核酸、蛋白质等)释放到胞外,因此,细胞膜通透性的增强和细胞膜完整性的破坏可能是 PAW 协同 SLES 处理导致酿酒酵母细胞死亡的关键因素。

(4)酿酒酵母细胞膜脂质过氧化

二苯基-1-芘基膦(diphenyl-1-pyrenyl phosphine,DPPP)是一种常用的检测细胞膜中氢过氧化物的探针。作为一种非荧光分子,DPPP 能够与脂质过氧化物发生化学反应并生成荧光产物 DPPP 氧化物(DPPP=O),在激发和发射波长分别为 352 nm 和 380 nm 处发出荧光。因此,可通过测定 DPPP 氧化物的相对荧光强度来表征酿酒酵母细胞膜脂质过氧化情况。

图 3-44　酿酒酵母中 DPPP 氧化物的相对荧光强度

酿酒酵母细胞分别经 PAW 单独处理、SLES(终浓度分别为 0.01、0.05、0.10、0.25 和 0.50 mg/mL)单独处理和 PAW 协同 SLES(终浓度分别为 0.01、0.05、0.10、0.25 和 0.50 mg/mL)处理 20 min 后,离心收集细胞,用磷酸盐缓冲液洗涤 2 次,重悬。将使用 DMSO 配制的 DPPP 原液与酵母细胞菌悬液混合均匀,使其终浓度为 50 μmol/L,置于室温暗处培养 60 min。后采用多功能微孔板读数仪测定荧光强度,激发波长为 351 nm,发射波长为 380 nm,以未处理的样品为空白对照。DPPP 氧化物(DPPP=O)相对荧光强度计算公式如式(3-3):

$$DPPP = O \text{ 相对荧光强度}(\%) = \frac{F_1}{F_0} \times 100\% \qquad (3-3)$$

式中：F_1 为处理组酿酒酵母细胞中 DPPP=O 荧光强度；F_0 为未处理组酿酒酵母细胞中 DPPP=O 荧光强度。

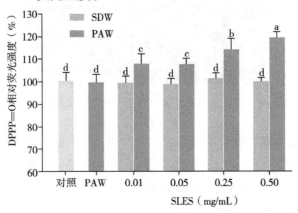

图 3-45　酿酒酵母中 DPPP 氧化物的相对荧光强度
误差线上标注不同字母表示各组差异显著（LSD 法，$p<0.05$）

由图 3-45 可知，与对照组相比，经 PAW 或 SLES（终浓度为 0.01、0.05、0.25 和 0.50 mg/mL）单独处理 20 min 后，酿酒酵母细胞中的 DPPP=O 相对荧光强度未发生显著变化（$p>0.05$）。然而，经 PAW 协同 SLES 处理 20 min 后，DPPP=O 相对荧光强度显著升高。经 PAW 协同终浓度为 0.50 mg/mL 的 SLES 处理 20 min 后，酿酒酵母细胞中 DPPP=O 相对荧光强度增加了 19.4%，显著高于 PAW 或 SLES 单独处理组细胞（$p<0.05$）。在等离子体放电过程中，会产生大量的 ROS 和 RNS，如臭氧（O_3）、羟基自由基（·OH）、一氧化氮（NO）、二氧化氮（NO_2）等。这些活性物质转移到水中，反应生成 H_2O_2、硝酸盐（NO_3^-）、亚硝酸盐（NO_2^-）、臭氧（O_3）、过氧亚硝酸盐阴离子（$ONOO^-$）和过氧亚硝酸（ONOOH）等。上述活性组分可能导致细胞膜中的脂质发生氧化，进而破坏其细胞膜完整性，最终导致细胞死亡。

（5）PAW 协同 SLES 处理对酿酒酵母胞内活性氧水平的影响

酿酒酵母菌悬液分别经 PAW、SLES（终浓度为 0.01 mg/mL）和 PAW+SLES（终浓度为 0.01 mg/mL）处理 20 min 后，离心收集细胞，采用 DCFH-DA 探针检测酿酒酵母细胞内活性氧水平。由图 3-46 可知，与未处理组细胞相比，经 PAW 单独处理和 SLES（0.01 mg/mL）单独处理 20 min 后，发出绿色荧光的酿酒酵母细胞数量均无明显变化。然而,PAW 和终浓度为 0.01 mg/mL 的 SLES 协同处理 20 min 后,发出绿色荧光的酿酒酵母细胞数量显著增多。

图 3-46　PAW 协同 SLES 处理对酿酒酵母细胞内 ROS 水平的影响(400×)

采用多功能酶标仪测定各组酿酒酵母细胞中 DCF 荧光强度,实验结果见图 3-47。

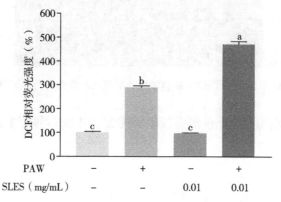

图 3-47　PAW 协同 SLES 处理对 DCF 荧光强度的影响
误差线上标注不同字母表示各组差异显著(LSD 法,$p<0.05$)
注:+表示添加,-表示未添加。

与对照组相比,经 PAW 单独处理 20 min 后,酿酒酵母细胞中 DCF 荧光强度显著升高了 1.87 倍($p<0.05$),而 SLES(终浓度为 0.01 mg/mL)单独处理后荧光强度未发生显著变化($p>0.05$);但当 PAW 协同终浓度为 0.01 mg/mL 的 SLES 处理 20 min 后,酿酒酵母细胞中 DCF 荧光强度增加了 3.69 倍($p<0.05$),表明其 ROS 水平显著升高。以上结果表明,PAW 协同 SLES 处理显著增强了酿酒酵母细胞胞内 ROS 水平,ROS 过度积累会对胞内脂类、硫醇、蛋白质和 DNA 等生物分子造成氧化损伤,导致酿酒酵母的生物膜和细胞生理功能被破坏,最终造成细胞死亡。

（6）PAW 协同 SLES 处理对酿酒酵母细胞线粒体膜电位的影响

酿酒酵母分别经 PAW、SLES（终浓度为 0.01 mg/mL）和 PAW+SLES（终浓度为 0.01 mg/mL）处理 20 min 后，采用 JC-1 探针测定酿酒酵母细胞线粒体膜电位的变化。以相对荧光强度（红色/绿色荧光）来评估线粒体膜电位的变化。如图 3-48 所示，与未处理组相比，PAW 单独处理和 SLES（0.01 mg/mL）单独处理 20 min 后，发出绿色荧光的酿酒酵母细胞数量无显著变化；然而，PAW 和 SLES（0.01 mg/mL）协同处理 20 min 后，发出绿色荧光的酿酒酵母细胞数量显著增多，表明酿酒酵母细胞线粒体膜电位降低。

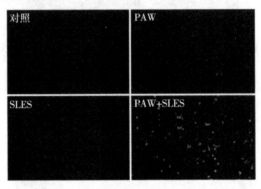

图 3-48　PAW 协同 SLES 处理对酿酒酵母线粒体膜电位的影响（400×）

同时，采用多功能酶标仪测定酿酒酵母细胞中线粒体膜电位（红色/绿色荧光），结果见图 3-49。

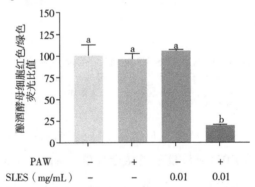

图 3-49　PAW 协同 SLES 处理对酿酒酵母细胞中线粒体膜电位的影响
误差线上标注不同字母表示各组差异显著（LSD 法，$p < 0.05$）
注：+表示添加，-表示未添加。

由图 3-49 可知，与未处理组相比，PAW 单独处理组和 SLES（0.01 mg/mL）

单独处理组酿酒酵母细胞红色/绿色荧光比值未发生明显变化($p>0.05$),然而经PAW协同SLES(0.01 mg/mL)处理后,酿酒酵母细胞红色/绿色荧光比值降低了80.1%,降低幅度显著高于PAW单独处理组或SLES单独处理组。以上结果表明,PAW协同SLES处理显著降低了酿酒酵母细胞的线粒体膜电位,这可能是其协同失活酿酒酵母的又一重要作用机制。

（7）PAW协同SLES处理失活酿酒酵母的可能机制

根据以上研究结果,推测PAW+SLES可能通过以下几个步骤诱导酿酒酵母细胞失活（图3-50）:由ROS和RNS引发的细胞膜脂质过氧化;损伤细胞膜,造成蛋白质、DNA、RNA、脂类等细胞质成分泄漏;胞内ROS积累,引发氧化损伤;线粒体膜电位破坏;最终导致细胞死亡。

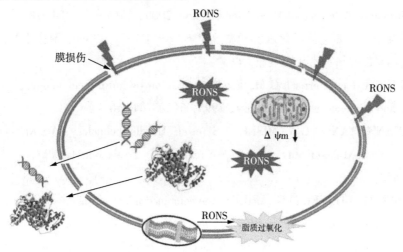

图3-50　PAW协同SLES处理失活酿酒酵母的可能机制

3.4.5　结论与展望

与单独PAW或单独SLES(终浓度为0.1~2.5 mg/mL)处理相比,PAW协同SLES可显著杀灭酿酒酵母细胞。当协同处理浓度为0.50 mg/mL时,酿酒酵母由初始的6.95 $\log_{10}$ CFU/mL降低至检测限以下;经PAW协同SLES(2.5 mg/mL)处理30 min后,聚乙烯膜表面酵母细胞数量由初始的5.84 $\log_{10}$ CFU/cm^{2}下降到检测限以下。PAW协同SLES处理后,酿酒酵母形态发生显著变化,细胞膜通透性增强,细胞膜脂质发生过氧化,胞内ROS水平升高,线粒体膜电位降低。以上可能是PAW协同SLES处理灭活酿酒酵母的主要作用机制。上述研究为PAW协同其他技术处理在食品加工保鲜领域的应用提供了理论依据。应进一步采用转录组学、蛋白质组学等多组学技术在基因水平和蛋白质表达水平上深入阐明 PAW-SLES 协同处理杀灭食品有害微生物的分子作用机制,并系统研究 PAW-SLES 协同处理对生鲜果蔬贮藏过程中微生物数量、营养指标、感官品质及货架期的影响。

参考文献

[1]付晓, 王卫, 张佳敏, 等. 栅栏技术及其在我国食品加工中的应用进展[J]. 食品研究与开发, 2015, 32(5): 179-182.

[2]LEISTNER L. Basic aspects of food preservation by hurdle technology[J]. International Journal of Food Microbiology, 2000, 55(1-3): 181-186.

[3]王文洁. 等离子体活化水协同温热对 E. coli O157: H7 的杀菌作用及机制研究[D]. 郑州: 郑州轻工业大学.

[4]LEISTNER L, Gorris L G M. Food preservation by hurdle technology[J]. Trend in Food Science and Technology, 1995, 6(2): 41-46.

[5]KHAN I, TANGO C N, MISKEEN S, et al. Hurdle technology: A novel approach for enhanced foodquality and safety-A review[J]. Food Control, 2017, 73: 1426-1444.

[6]CHEN H, HOOVER D G. Modeling the combined effect of high hydrostatic pressure and mild heat on the inactivation kinetics of *Listeria monocytogenes* Scott A in whole milk[J]. Innovative Food Science & Emerging Technologies, 2003, 4(1): 25-34.

[7]SHIROODI S G, OVISSIPOUR M, ROSS C F, et al. Efficacy of electrolyzed oxidizing water as a pretreatment method for reducing *Listeria monocytogenes* contamination in cold-smoked Atlantic salmon (*Salmo salar*)[J]. Food Control, 2016, 60: 401-407.

[8]GAYÁN E, SERRANO M J, MONFORT S, et al. Combining ultraviolet light and mild temperatures for the inactivation of *Escherichia coli* in orange juice[J]. Journal of Food Engineering, 2012, 113(4): 598-605.

[9]李兴峰, 刘豆, 薛江超, 等. 天然食品防腐剂的协同抗菌作用[J]. 中国食品学报, 2014, 14(3): 140-144.

[10]宁亚维, 闫爱红, 王世杰, 等. 苯乳酸与食品防腐剂联合抑菌效果[J]. 食品与机械, 2017, 33(9): 117-120.

[11] 高玉荣，王雪平. 食品化学防腐剂与纳他霉素的协同抑菌作用研究[J]. 现代食品科技，2010，26(6)：558-561.

[12] ZHANG H C, TIKEKAR R V, DING Q, et al. Inactivation of foodborne pathogens by the synergistic combinations of food processing technologies and food-grade compounds[J]. Comprehensive Reviews in Food Science and Food Safety, 2020, 19(4)：2110-2138.

[13] 菅丰田. 抑菌性阴离子表面活性剂的合成及其在天然胶乳中的应用研究[D]. 太原：中北大学，2014.

[14] WEBB C C, ERICKSON M C, DAVEY L E, et al. Effectiveness of levulinic acid and sodium dodecyl sulfate employed as a sanitizer during harvest or packing of cantaloupes contaminated with *Salmonella* Poona[J]. International Journal of Food Microbiology, 2015, 207：71-76.

[15] LI Y Y, WU C Q. Enhanced inactivation of *Salmonella* Typhimurium from blueberries by combinations of sodium dodecyl sulfate with organic acids or hydrogen peroxide[J]. Food Research International, 2013, 54：1553-1559.

[16] 张嵘. 等离子体活化水协同温热、SLES 处理对酿酒酵母的失活作用及应用研究[D]. 郑州：郑州轻工业大学，2021.

[17] CHOI E J, PARK H W, KIM S B, et al. Sequential application of plasma activated water and mild heating improves microbiological quality of ready-to-use shredded salted kimchi cabbage (*Brassica pekinensis*)[J]. Food Control, 2019, 98：501-509.

[18] LIU Q, CHEN L, LASERNA A K C, et al. Synergistic action of electrolyzed water and mild heat for enhanced microbial inactivation of *Escherichia coli* O157：H7 revealed by metabolomics analysis[J]. Food Control, 2019, 110：107026. Doi：10.1016/j.foodcont.2019.107026

[19] CHEON H L, SHIN J Y, PARK K H, et al. Inactivation of foodborne pathogens in powdered red pepper (*Capsicum annuum* L.) using combined UV-C irradiation and mild heat treatment[J]. Food Control, 2015, 50：441-445.

[20] SHEN J, TIAN Y, LI Y L, et al. Bactericidal effects against *S. aureus* and physicochemical properties of plasma activated water stored at different temperatures[J]. Scientific Reports, 2016, 6：28505.

[21] THIRUMDAS R, KOTHAKOTA A, ANNAPURE U, et al. Plasma activated

water (PAW): Chemistry, physico-chemical properties, applications in food and agriculture[J]. Trends in Food Science & Technology, 2018, 77: 21-31.

[22]OEHMIGEN K, HÄHNEL M, BRANDENBURG R, et al. The role of acidification for antimicrobial activity of atmospheric pressure plasma in liquids[J]. Plasma Processes and Polymers, 2010, 7(3-4): 250-257.

[23]SUWAL S, CORONEL-AGUILERA C P, Auer J. et al. Mechanism characterization of bacterial inactivation of atmospheric air plasma gas and activated water using bioluminescence technology[J]. Innovative Food Science & Emerging Technologies, 2019, 53: 18-25.

[24] HAYASHI M. Temperature-electrical conductivity relation of water for environmental monitoring and geophysical data inversion[J]. Environmental Monitoring and Assessment, 2004, 96: 119-128.

[25]MAEDA Y, IGURA N, SHIMODA M, et al. Bactericidal effect of atmospheric gas plasma on *Escherichia coli* K12[J]. International Journal of Food Science and Technology, 2003, 38(8): 889-892.

[26]WOUTERS P C, DUTREUX N, SMELT J P P M, et al. Effects of pulsed electric fields on inactivation kinetics of *Listeria innocua*[J]. Applied and Environmental Microbiology, 1999, 65(12): 5364-5371.

[27]CHEN J H, XU J W, SHING C X. Decomposition rate of hydrogen peroxide bleaching agents under various chemical and physical conditions[J]. Journal of Prosthetic Dentistry, 1993, 39: 46-48.

[28]NAÏTALI M, KAMGANG-YOUBI G, HERRY J M, et al. Combined effects of long-living chemical species during microbial inactivation using atmospheric plasma-treated water[J]. Applied and Environmental Microbiology, 2010, 76 (22): 7662-7664.

[29] UKUKU D O, JIN T, ZHANG H. Membrane damage and viability loss of *Escherichia coli* K-12 and *Salmonella* Enteritidis in liquid egg by thermal death time disk treatment[J]. Journal of Food Protection, 2008, 71(10): 1988-1995.

[30]WILHELM M J, SHEFFIELD J B, SHARIFIAN G M, et al. Gram's stain does not cross the bacterial cytoplasmic membrane[J]. ACS Chemical Biology, 2015, 10(7): 1711-1717.

[31] TOMMASSEN J. Assembly of outer-membrane proteins in bacteria and

mitochondria[J]. Microbiology, 2010, 156(9): 2587-2596.

[32]MILLER S I. Antibiotic resistance and regulation of the gram-negative bacterial outer membrane barrier by host innate immune molecules[J]. MBio, 2016, 7 (5): e01541-16.

[33]STEEGHS L, DE COCK H, EVERS E, et al. Outer membrane composition of a lipopolysaccharide – deficient *Neisseria meningitidis* mutant [J]. The EMBO Journal, 2001, 20(24): 6937-6945.

[34]MUHEIM C, GÖTZKE H, ERIKSSON A U, et al. Increasing the permeability of *Escherichia coli* using MAC13243 [J]. Scientific Reports, 2017, 7(1): 1-11.

[35]HALDER S, YADAV K K, SARKAR R, et al. Alteration of Zeta potential and membrane permeability in bacteria: A study with cationic agents [J]. SpringerPlus, 2015, 4(1): 1-14.

[36] KAMGANG – YOUBI G, HERRY J M, MEYLHEUC T, et al. Microbial inactivation using plasma-activated water obtained by gliding electric discharges [J]. Letters in Applied Microbiology, 2009, 48(1): 13-18.

[37]符安, 杨蒙, 叶锦韶, 等. 全氟辛酸对酿酒酵母细胞毒性作用[J]. 环境科学学报, 2016, 36(4): 1486-1492.

[38]CABISCOL E, TAMARIT J, ROS J. Oxidative stress in bacteria and protein damage by reactive oxygen species[J]. International Microbiology, 2000, 3: 3-8.

[39]PEREIRA C V, MOREIRA A C, PEREIRA S P, et al. Investigating drug-induced mitochondrial toxicity: A biosen to increase drug safety [J]. Drug Safety, 2009, 4(1): 34-54.

[40]SIVANDZADE F, BHALERAO A, CUCULLO L. Analysis of the mitochondrial membrane potential using the cationic JC-1 dye as a sensitive fluorescent probe [J]. Bio-Protocol, 2019, 9(1): e3128. DOI: 10.21769/BioProtoc.3128.

[41]周洁静, 鲍金勇, 谢蓝华, 等. 食品中尼泊金酯预处理技术及测定方法 [J]. 食品工业科技, 2014, 35(10): 355-359.

[42]牛欣. 食品防腐剂尼泊金酯检测方法的研究[D]. 重庆: 西南大学, 2011.

[43]LINCHO J, MARTINS R C, GOMES J. Paraben compounds—Part I: An overview of their characteristics, detection, and impacts[J]. Applied Sciences, 2021, 11(5): 2307.

［44］李晓莉，张乃茹，张永宏，等. 尼泊金酯类防腐剂的研究进展［J］. 河北轻化工学院学报，1995，16（1）：58-62.

［45］刘颖，孙永波，张丽英. 对羟基苯甲酸酯类防腐剂应用现状与展望［J］. 中国饲料，2021，（7）：13-16.

［46］DING Q, TIKEKAR R V. The synergistic antimicrobial effect of a simultaneous UV-A light and propyl paraben (4-hydroxybenzoic acid propyl ester) treatment and its application in washing spinach leaves［J］. Journal of Food Process Engineering, 2021, 43(1): 13062. Doi: 10.1111/jfpe.13062.

［47］CHEN D, ZHAO T, DOYLE M P. Single-and mixed-species biofilm formation by *Escherichia coli* O157：H7 and *Salmonella*, and their sensitivity to levulinic acid plus sodium dodecyl sulfate［J］. Food Control, 2015, 57: 48-53.

［48］KANG J, SONG K B. Inactivation of pre-existing bacteria and foodborne pathogens on perilla leaves using a combined treatment with an organic acid and a surfactant ［J］. Horticulture, Environment, and Biotechnology, 2015, 56: 195-199.

［49］RAIDEN R M, QUICHO J M, MAXFIELD C J, et al. Survivability of *Salmonella* and *Shigella* spp. in sodium lauryl sulfate and tween 80 at 22 and 40℃［J］. Journal of Food Protection, 2003, 66(8): 1462-1464.

［50］JACKSON-DAVIS A L, BETHEL D, STALEY L, et al. Investigating the effects of lactic-citric acid blend and sodium lauryl sulfate on the inhibition of shiga toxin-producing *Escherichia coli* in a broth system［J］. Journal of Nutrition & Food Sciences, 2018, 8: 5.

［51］BYELASHOV O A, KENDALL P A, BELK K E, et al. Control of *Listeria monocytogenes* on vacuum-packaged frankfurters sprayed with lactic acid alone or in combination with sodium lauryl sulfate［J］. Journal of Food Protection, 2008, 71(4): 728-734.

［52］KIM S S, PARK S H, KIM S H, et al. Synergistic effect of ohmic heating and UV-C irradiation for inactivation of *Escherichia coli* O157：H7, *Salmonella* Typhimurium and *Listeria monocytogenes* in buffered peptone water and tomato juice［J］. Food Control, 2019, 102: 69-75.

［53］TAKAHASHI M, SHIBATA M, NIKI E. Estimation of lipid peroxidation of live cells using a fluorescent probe, diphenyl-1-pyrenylphosphine［J］. Free Radical Biology & Medicine, 2001, 31(2): 164-174.

4 等离子体活化水诱导微生物亚致死损伤规律及控制方法研究

近年来,等离子体活化水(plasma-activated water,PAW)在食品杀菌保鲜领域的应用受到了广泛关注。然而,研究发现,PAW处理后可诱导部分微生物进入亚致死损伤状态(sublethal injury)。亚致死性损伤是一种可逆的细胞损伤,其细胞膜完整性被破坏,但同时保持一定的生理活性,在适宜条件下能够自我修复为正常细胞。亚致死微生物在常规检测中常被低估或忽略,如果在杀菌过程中不对其完全杀灭,可能造成潜在食品安全隐患和经济损失。因此有必要研究PAW引起微生物亚致死损伤的作用条件及亚致死态微生物的控制措施。

4.1 微生物亚致死现象概述

4.1.1 微生物亚致死现象及其潜在危害

(1)微生物亚致死现象及其潜在危害

亚致死损伤为微生物细胞受到一种或多种外界刺激后所处的一种损伤状态,该状态下的细胞仍具有一定的生理活性。1951年,Hartsell最早提出亚致死微生物的概念,并将其定义为在营养丰富的非选择性培养基上能生长,而在选择性培养基上(对同种正常微生物细胞无明显抑制作用)无繁殖能力的微生物存在状态。

在食品加工过程中,微生物会出现正常、死亡和亚致死损伤3种不同的生理状态。正常状态的微生物在选择性培养基、非选择性培养基和修复培养基上均能正常生长而不受任何影响;死亡状态的微生物无论在选择性培养基、非选择性培养基还是修复培养基上均不能正常生长;而亚致死损伤微生物只能在非选择性培养基和修复培养基上生长,但不能在选择性培养基上进行正常生长。因此,亚致死微生物的数量可以通过比较非选择性培养基和选择性培养基上的菌落数来确定。微生物在非选择性培养基和选择性培养基上的菌落数的差值,即为该微生物处于亚致死状态的菌落数。亚致死微生物数和微生物亚致死率的计算公式分别如式(4-1)、式(4-2)所示：

$$亚致死细胞数\ N = A_0 - A \tag{4-1}$$

$$亚致死率(\%) = \frac{A_0 - A}{A_0} \times 100\% \tag{4-2}$$

式中：A_0 为非选择性培养基上的菌落计数；A 为选择性培养基上的菌落计数。

（2）亚致死态微生物的潜在危害

常规的检测方法难以检测出处于亚致死状态的微生物。在食品运输、贮藏等过程中，处于亚致死损伤状态的微生物在适宜的环境条件下能够自我修复并恢复到正常生理状态，同时完全恢复毒力。因此，处于亚致死损伤状态的微生物可能导致食品二次污染，一旦进入人体便会造成潜在健康危害，给食品安全保障带来严重隐患。

4.1.2 亚致死微生物的诱导因素

微生物亚致死现象广泛存在于食品加工过程中。研究发现，低温、热处理、酸、碱等传统食品加工保藏方法及超高压、脉冲电场、超声、高压二氧化碳、超声波等新型非热杀菌技术均能够诱导微生物进入亚致死损伤状态。

（1）低温

低温是一种常见的食品保藏方法，可以有效控制微生物生长繁殖和防止食品腐烂变质。研究发现，低温处理能够诱导微生物发生亚致死损伤，其影响因素主要包括处理温度、处理时间、目标菌种等。黄忠民等发现，在-18℃贮藏90 d之后，金黄色葡萄球菌（*Staphylococcus aureus*）的冷冻致亚致死损伤率达到99%以上。此外，相关研究证实，-20℃低温处理能够诱导鼠伤寒沙门氏菌（*Salmonella Typhimurium*）进入亚致死状态；在-20℃低温贮藏过程中，无论是在标准培养基还是在猪肉、牛肉、牛奶和鸡蛋等食品基质中，鼠伤寒沙门氏菌细胞总数均随时间的延长而下降，而亚致死率始终维持在90%以上。

（2）热处理

热加工是一种常见的食品加工方法，被证实能够诱导微生物进入亚致死损伤状态。在56℃条件下处理50 min后，单增李斯特菌（*Listeria monocytogenes*）和英诺克李斯特氏菌（*Listeria innocua*）的亚致死率为98.1%～99.9%。汪月霞等发现，经过60℃热激处理后，鼠伤寒沙门氏菌发生亚致死损伤，其细胞膜完整性被破坏。

（3）酸处理

作为一类天然抑菌剂，有机酸广泛应用于食品保鲜，其诱导的微生物亚致死损伤也被广泛报道。研究证实，经 pH 4.0 的乳酸溶液处理后，大肠杆菌 O157：H7 会出现亚致死性损伤；大肠杆菌 O157：H7 损伤率随着处理时间的延长而升高，处理 90 min 时大肠杆菌 O157：H7 的亚致死率接近 100%。

（4）超高压处理

超高压处理（high hydrostatic pressure，HHP）是目前研究较多的一种食品非热加工技术。研究发现，HHP 处理会使微生物产生亚致死现象。研究证实，200~400 MPa 的压力处理可诱导大肠杆菌、单增李斯特菌和酿酒酵母发生亚致死损伤。例如，经于 pH 7 和 300 MPa 条件下处理 15 min 后，单增李斯特菌的亚致死率超过 99.99%。HHP 诱导微生物亚致死损伤受处理压力、处理温度、处理时间、食品组分、pH、菌株等多种因素的影响。

（5）脉冲电场处理

脉冲电场（pulsed electric field，PEF）是一种食品非热加工技术，具有良好的杀菌效果并能最大限度保持食品营养成分和感官品质。目前，PEF 主要应用于食品杀菌、食品物料干燥、辅助食品冷冻解冻及食品活性物质提取等方面。Zhao 等研究发现，PEF 处理能够造成大肠杆菌、单增李斯特菌和金黄色葡萄球菌发生亚致死损伤，且亚致死率与微生物种类、电场强度和处理时间等因素有关。当电场强度从 15 kV/cm 增加至 30 kV/cm 时，单增李斯特菌的亚致死率从 18.98% 升高至 43.64%；当电场强度为 25 kV/cm 时，大肠杆菌和金黄色葡萄球菌的亚致死率达到最大值，分别为 40.74% 和 36.51%。类似研究证实，PEF 处理也能够诱导黄酒中酿酒酵母菌发生亚致死损伤，且亚致死损伤细胞的比例随电场强度的增加先增加后减小，比例最高为 12.51%。

（6）其他非热杀菌技术

除上述技术外，其他一些非热杀菌技术，如高压二氧化碳、辐照等也能引起微生物亚致死现象。例如，经压力为 5 MPa 的高压二氧化碳处理 50 min 后，在非选择性培养基和选择性培养基中的 *E. coli* O157：H7 菌落数分别降低 1.21 $\log_{10}$ CFU/mL 和 5.18 $\log_{10}$ CFU/mL，表明高压二氧化碳处理诱导 *E. coli* O157：H7 发生亚致死损伤。经电子束辐照处理后，接种于猪肉表面的英诺克李斯特氏菌、伊氏李斯特菌（*Listeria ivanovii*）和单增李斯特菌均发生亚致死损伤，且亚致死细胞数量随着辐照剂量的增加而升高。冷等离子技术是近几年兴起的食品加工新技术，具有处理时间短、温度低、无污染等优点，在食品加工等领域展现出广阔的应用前景。Huang 等发现,经介质阻挡放电(dielectric barrier discharge,DBD)等离子体处理 140 s 后,接种于 1%牛血清白蛋白溶液中的鼠伤寒沙门氏菌亚致死率达到最大值,为 90.74%。冷等离子体诱导的微生物亚致死损伤与放电电压、处理时间等因素有关。

4.1.3 结论与展望

近年来,超高压、脉冲电场等非热加工技术造成的微生物亚致死损伤受到广泛关注。目前相关研究主要集中在以下几个方面:一是亚致死态微生物形成规律、生理生化特性及形成分子机制等;二是亚致死态微生物对各种环境条件的敏感性分析,如酸、热、氧化应激等;三是亚致死态微生物修复影响因素及规律;四是亚致死态微生物控制方法。通过研究亚致死态微生物形成及修复规律并构建进一步失活方法对于保障食品安全具有重要意义。

4.2 PAW 诱导大肠杆菌 O157:H7 亚致死损伤规律

目前已有研究表明一些非热杀菌手段,如超高压、超声波、高压脉冲电场、高压二氧化碳、辐照和电解水等均可引起微生物的亚致死损伤,而目前关于 PAW 引起微生物亚致死损伤现象的报道相对较少。因此,以 $E.\ coli$ O157:H7 为研究对象,采用选择性培养法研究了 PAW 诱导亚致死 $E.\ coli$ O157:H7 细胞的形成规律,并评价了亚致死态 $E.\ coli$ O157:H7 细胞对温度、酸、pH 和 H_2O_2 溶液的敏感性,以期为 PAW 诱导亚致死态微生物的控制研究提供理论依据。

4.2.1 选择性培养基中 NaCl 浓度的确定

制备活菌数约为 7 $\log_{10}$ CFU/mL 的 $E.\ coli$ O157:H7 菌悬液,备用。将 200 mL 无菌去离子水(sterile distilled water,SDW)在大气压等离子体射流(atmospheric pressure plasma jet,APPJ)下处理 60 s 制备 PAW,备用。将未经 PAW 处理的 $E.\ coli$ O157:H7 分别涂布在添加有不同浓度 NaCl(0.5%~4.0%)的大豆酪蛋白琼脂培养基(tryptose soya agar,TSA)平板中,于 37℃培养 48 h 后进行菌落计数。

如图 4-1 所示,$E.\ coli$ O157:H7 的初始菌落数为 9.40 $\log_{10}$ CFU/mL,随着 NaCl 浓度的增加,菌落数逐渐减少。当 TSA 平板中 NaCl 的添加量分别为 1.0%、1.5%、2.0%、2.5%、3.0%、3.5%和 4.0%(w/v)时,$E.\ coli$ O157:H7 的菌

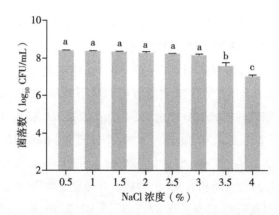

图 4-1 正常 *E. coli* O157：H7 在含不同 NaCl 浓度 TSA 中的生长状况
不同字母表示差异显著(Ducan 检验,$p<0.05$)

落数分别降低至 8.37、8.35、8.29、8.24、8.16、7.58 和 7.03 $\log_{10}$ CFU/mL。当 TSA 中 NaCl 浓度低于 3.0% 时,*E. coli* O157：H7 的菌落总数未发生显著变化($p>0.05$),但当 NaCl 浓度为 3.5% 时,*E. coli* O157：H7 活菌数显著降低($p<0.05$)。因此,3.0% 是正常 *E. coli* O157：H7 细胞可以耐受 NaCl 的临界浓度。综上所述,确定选择性培养基中 NaCl 的添加量为 3.0%(w/v)。

4.2.2 温度对亚致死态大肠杆菌 O157：H7 细胞的影响

经 PAW 处理 6 min 后,将 *E. coli* O157：H7 分别涂布在 TSA(NaCl 含量为 0.5%)和 TSA-SC(NaCl 含量为 3.5%),37℃培养 48 h 后进行菌落计数。经计算可知,PAW 处理 6 min 所得亚致死态 *E. coli* O157：H7 细胞所占比例为 99%。将上述所制备亚致死态 *E. coli* O157：H7 菌液在 9000×g、4℃下离心 10 min,弃上清液,使用 PBS 缓冲液洗涤,除去多余的 PAW。将正常组 *E. coli* O157：H7 细胞和 PAW 诱导的亚致死 *E. coli* O157：H7 细胞分别用 PBS 缓冲液悬浮,并将细胞初始浓度调成一致。各取 1 mL 菌悬液于 1.5 mL 离心管中,分别于 4、25、40、50 和 60℃水浴孵育不同时间,并以一定的间隔取样,采用 TSA 培养基检测菌落数。如图 4-2 所示,当处理温度为 4、25 和 40℃时,随处理时间的延长,未处理细胞和亚致死态 *E. coli* O157：H7 细胞均未发生显著变化,表明上述两组细胞均能在 4、25 和 40℃条件下正常存活。由图 4-2(D)可知,在 50℃处理 2～30 min 时,未处理组 *E. coli* O157：H7 的菌落数由初始的 8.20 $\log_{10}$ CFU/mL 降至 7.75 $\log_{10}$ CFU/mL,仅减少了 0.45 个对数。与未处理细胞相比,亚致死 *E. coli* O157：H7 细胞经 50℃处理 30 min 后,细胞数量由 7.92 $\log_{10}$ CFU/mL 降至

6.98 $\log_{10}$ CFU/mL,减少了 0.94 个对数。以上结果表明,与未处理细胞相比,亚致死态 *E. coli* O157:H7 细胞对 50℃的耐受性较低。

由图 4-2(E)可知,在 60℃处理 2~12 min 时,随着处理时间的延长,未处理细胞和亚致死 *E. coli* O157:H7 细胞的数量均呈下降的趋势。未处理和亚致死 *E. coli* O157:H7 细胞的初始值分别为 7.94 $\log_{10}$ CFU/mL 和 8.00 $\log_{10}$ CFU/mL。当处理时间增加至 2、4、6、8、10 和 12 min 时,未处理 *E. coli* O157:H7 细胞的数量分别降低至 7.62、6.42、5.98、5.43、5.26 和 4.99 $\log_{10}$ CFU/mL,分别减少了 0.32、1.52、1.96、2.51、2.68 和 2.95 个对数。与未处理细胞相比,亚致死细胞数量的下降趋势更明显,分别减少了 0.87、2.37、3.02、3.70、4.58 和 5.83 个对数。以上数据表明,与未处理细胞相比,60℃热处理可以进一步失活亚致死 *E. coli* O157:H7 细胞。庄平等报道了类似的实验结果。研究发现,在 50℃环境孵育时,冷冻诱导的亚致死沙门氏菌细胞数量随着时间的延长而迅速降低,表明其对 45℃较高温度的耐受性显著下降。毕秀芳研究发现,与未处理活细胞相比,高压二氧化碳诱导亚致死 *E. coli* O157:H7 细胞对 45℃热处理的耐受性显著降低。

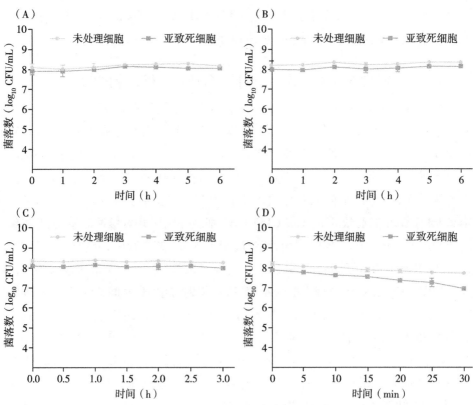

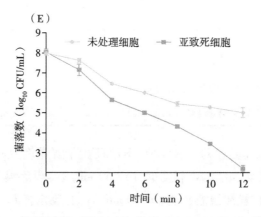

图 4-2　不同温度对正常和亚致死 *E. coli* O157：H7 细胞的影响
(A)4℃；(B)25℃；(C)40℃；(D)50℃；(E)60℃

综上可知,在一定的时间内,4、25 和 40℃处理均未对正常组 *E. coli* O157：H7 细胞和亚致死 *E. coli* O157：H7 细胞造成损伤。在 50℃和 60℃作用下,未处理细胞和亚致死 *E. coli* O157：H7 细胞的菌落数均随处理时间的延长而降低。以上结果表明,与未处理细胞相比,亚致死 *E. coli* O157：H7 细胞对 50℃和 60℃具有更低的耐受性。这可能是因为 PAW 处理使亚致死 *E. coli* O157：H7 细胞的膜结构发生损伤,较高的温度会影响膜的自我修复能力,同时也可能会促进胞内物质的释放,从而造成亚致死态细胞的死亡。

4.2.3　酸对亚致死态大肠杆菌 O157：H7 细胞的影响

将收集的正常 *E. coli* O157：H7 细胞和亚致死 *E. coli* O157：H7 细胞用无菌 0.85%NaCl 溶液悬浮,离心除去多余的 PAW。然后离心收集细胞,重悬于无菌 0.85%NaCl 溶液并将初始浓度调成一致。取 10 mL 菌悬液于 50 mL 离心管中,分别加入 100 μL 0.02 mol/L 的草酸、盐酸、柠檬酸和醋酸。室温孵育 60 min,每隔 10 min 取样,采用 TSA 培养基进行菌落计数。由表 4-1 可知,无菌 NaCl 溶液的初始 pH 值为 7.11,分别添加 100 μL 浓度为 0.02 mol/L 的草酸、盐酸、柠檬酸和醋酸溶液后,其 pH 值分别降低至 3.82、4.25、3.93 和 4.77。

表 4-1　无菌 0.85%NaCl 溶液添加不同酸溶液后的 pH 值

名称	pH 值
无菌 0.85% NaCl 溶液	7.11±0.03
无菌 0.85% NaCl+草酸溶液(0.02 mol/L)	3.82±0.01

续表

名称	pH 值
无菌 0.85% NaCl+盐酸溶液(0.02 mol/L)	4.25±0.01
无菌 0.85% NaCl+柠檬酸溶液(0.02 mol/L)	3.93±0.01
无菌 0.85% NaCl+醋酸溶液(0.02 mol/L)	4.77±0.00

如图 4-3 所示,未处理 $E.\ coli$ O157:H7 细胞的初始浓度为 8.31 $\log_{10}$ CFU/mL,经草酸、盐酸、柠檬酸和醋酸溶液处理 10~60 min 后,菌落数未发生显著变化。而经草酸、盐酸和柠檬酸溶液处理 10~60 min 后,亚致死态 $E.\ coli$ O157:H7 细胞数则随着处理时间的延长而逐渐降低。例如,经草酸溶液处理 10~60 min 后,亚致死态 $E.\ coli$ O157:H7 细胞数量由初始的 8.07 $\log_{10}$CFU/mL 降至 5.89 $\log_{10}$ CFU/mL,减少了 2.18 个对数;经盐酸溶液处理 60 min 后,亚致死态 $E.\ coli$ O157:H7 细胞则由最初的 7.50 $\log_{10}$ CFU/mL 降低至 6.08 $\log_{10}$ CFU/mL,降低了 1.42 个对数;经柠檬酸溶液处理 60 min 后,亚致死态 $E.\ coli$ O157:H7 细胞由初始的 8.13 $\log_{10}$ CFU/mL 降至 7.28 $\log_{10}$CFU/mL,降低了 0.85 个对数;经醋酸溶液处理 10~60 min 后,亚致死态 $E.\ coli$ O157:H7 数量未发生显著变化。庄平等也报道了类似的实验结果。研究发现,在酸溶液中处理 5 min 后,冷冻诱导的亚致死沙门氏菌细胞数量显著降低,其中柠檬酸、苹果酸、酒石酸、草酸、醋酸、乳酸和盐酸处理组细胞分别降低了 1.06、0.95、1.05、1.35、1.03、0.98 和 0.59 个对数,表明冷冻诱导的亚致死沙门氏菌细胞对酸的耐受性显著降低且对不同酸的敏感性也不同。

综上所述,未经 PAW 处理的 $E.\ coli$ O157:H7 对四种酸溶液(草酸、盐酸、柠檬酸和醋酸)均具有较强的耐受性,其菌落数不随上述 4 种酸溶液处理时间的延长而显著降低。这可能是因为未处理 $E.\ coli$ O157:H7 细胞的细胞膜保持完整,对细胞外环境的 pH 耐受性较强。与未处理细胞相比,亚致死态 $E.\ coli$ O157:H7 细胞对盐酸、草酸和柠檬酸的耐受性均明显降低且对不同酸的耐受性也不同。这可能是由于亚致死态 $E.\ coli$ O157:H7 细胞由于细胞膜受到损伤,外环境的质子能够进入细胞,引起细胞内环境改变,从而引起细胞死亡。草酸和柠檬酸失活亚致死细胞可能与亚致死细胞的质子泵系统受到损伤有关,而草酸的失活效能大于柠檬酸可能与草酸具有较强的金属离子螯合能力有关。

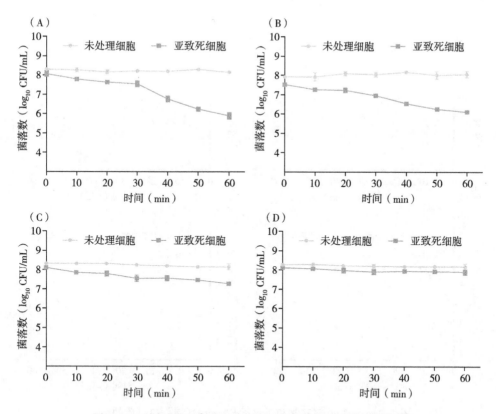

图 4-3 不同酸对正常和亚致死 *E. coli* O157：H7 细胞的影响
(A)草酸；(B)盐酸；(C)柠檬酸；(D)醋酸

4.2.4 pH 对亚致死态大肠杆菌 O157：H7 细胞的影响

将收集的正常 *E. coli* O157：H7 细胞和亚致死 *E. coli* O157：H7 细胞用无菌 0.85%NaCl 溶液悬浮,离心除去多余的 PAW。然后离心收集细胞,重悬于无菌 0.85%NaCl 溶液并将初始浓度调成一致。将 pH 值分别为 4、4.5、5 和 6 的无菌盐酸溶液(10 mL)添加到正常和亚致死 *E. coli* O157：H7 细胞中,并将细胞浓度调为一致。然后,将菌液于室温孵育 60 min,以 10 min 为间隔取样,采用 TSA 培养基进行菌落计数,结果见图 4-4。

如图 4-4 所示,经 pH 为 4、4.5、5 和 6 的盐酸溶液处理 10~60 min 后,未处理 *E. coli* O157：H7 菌落数未发生显著变化,表明上述不同 pH 的盐酸溶液未对正常组细胞活力造成影响。经 pH 为 4 和 4.5 的酸溶液处理后,亚致死态 *E. coli* O157：H7 细胞随着处理时间的延长而逐渐降低。经 pH 分别为 4 和 4.5 的盐酸

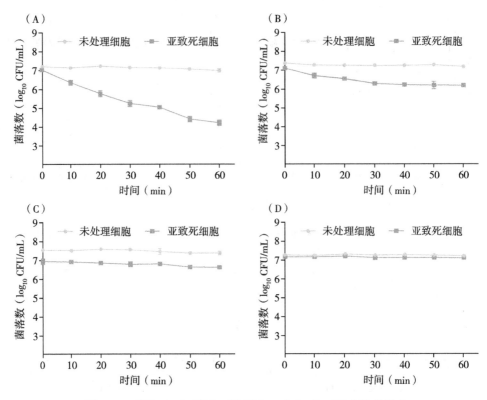

图4-4　不同 pH 对正常和亚致死 *E. coli* O157：H7 细胞的影响
(A)pH 4；(B)pH 4.5；(C)pH 5；(D)pH 6

溶液处理 60 min 后,亚致死态 *E. coli* O157：H7 细胞分别降低了 2.81 和 0.93 $\log_{10}$ CFU/mL。而 pH 为 5 和 6 的盐酸溶液处理未对亚致死 *E. coli* O157：H7 细胞活力造成显著影响。综上可知,pH 为 4、4.5、5 和 6 的盐酸溶液对正常 *E. coli* O157：H7 细胞无明显影响,对亚致死态 *E. coli* O157：H7 细胞的影响与 pH 值有关。pH 为 5 和 6 的盐酸溶液不能进一步失活亚致死态 *E. coli* O157：H7 细胞,但 pH 为 4 和 4.5 的盐酸溶液对亚致死态 *E. coli* O157：H7 细胞有显著的失活作用,这可能与 PAW 导致的亚致死 *E. coli* O157：H7 细胞膜损伤有关。

4.2.5　H₂O₂ 对亚致死态大肠杆菌 O157：H7 细胞的影响

将收集的正常 *E. coli* O157：H7 细胞和亚致死 *E. coli* O157：H7 细胞悬浮于 10 mL 无菌 H₂O₂ 溶液(终浓度为 100 μmol/L)并将细胞浓度调为一致。然后,将菌液于室温孵育 180 min,以 30 min 为间隔取样计数,采用 TSA 培养基进行菌落计数。由图 4-5 可知,随着 H_2O_2 处理时间(0、30、60、90、120、150 和 180 min)的延长,未处理组 $E.\ coli$ O157:H7 细胞的菌落数无显著变化。亚致死态 $E.\ coli$ O157:H7 的初始浓度为 $6.86\ \log_{10} CFU/mL$;经 H_2O_2 溶液处理 30、60、90、120、150 和 180 min 后,其菌落数分别降低至 6.32、5.94、5.57、5.25、5.06 和 $5.04\ \log_{10}\ CFU/mL$。

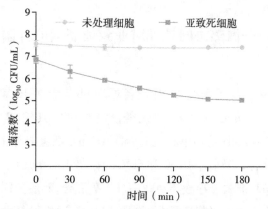

图 4-5 H_2O_2 溶液对正常和亚致死 $E.\ coli$ O157:H7 细胞的影响

以上结果表明,与未处理 $E.\ coli$ O157:H7 细胞相比,H_2O_2 溶液可以显著失活亚致死态 $E.\ coli$ O157:H7 细胞。H_2O_2 是一种强氧化剂,可以跨膜扩散进入细胞中,进而破坏亚致死态 $E.\ coli$ O157:H7 的细胞膜结构功能并引发氧化应激损伤,从而造成细胞死亡。

4.2.6   结论与展望

综上所述,PAW 处理能够诱导 $E.\ coli$ O157:H7 进入亚致死状态;经 PAW 处理 6 min 后,$E.\ coli$ O157:H7 的亚致死率达 99%。与未处理细胞相比,亚致死 $E.\ coli$ O157:H7 细对 NaCl、温度(50℃ 和 60℃)、酸溶液(草酸、盐酸和柠檬酸)、pH(4 和 4.5)和 H_2O_2 等的耐受性均明显降低。在今后的工作中,应进一步采用转录组学、蛋白质组学等技术深入研究 PAW 诱导微生物亚致死损伤的分子机制,同时还应系统研究亚致死态微生物的修复影响因素及规律,为亚致死态微生物的控制研究提供理论依据。

4.3   PAW 诱导亚致死态大肠杆菌 O157:H7 的控制方法研究

在适宜的环境条件下,处于亚致死态的微生物能够自我修复并且恢复到正常的状态。因此,处于亚致死损伤状态的微生物可能导致食品二次污染,一旦进入人体便会存在潜在健康危害。如何采取措施进一步杀灭亚致死态微生物是当前的研究重点之一。本小节分别研究了 PAW 协同温热、尼泊金丙酯处理对 *E. coli* O157:H7 亚致死细胞的影响,以期为 PAW 技术在食品安全控制领域的实际应用提供理论依据和技术支撑。

4.3.1 PAW-温热协同处理对亚致死态大肠杆菌 O157:H7 细胞的影响

将 200 mL 无菌去离子水经 APPJ 设备处理 60 s,制备 PAW,备用。PAW 单独处理:取 100 μL *E. coli* O157:H7 细菌悬浮液与 900 μL PAW 混合,并在 25℃的振荡水浴中反应 4 min;温热单独处理:将 100 μL 细菌悬浮液与 900 μL 无菌 0.85%NaCl 溶液混合,分别在 40、50 和 60℃ 的振荡水浴中反应 4 min;PAW 结合温热处理:将 100 μL 细菌悬浮液与 900 μL PAW 混合,然后分别在 40、50 和 60℃的振荡水浴中反应 4 min;经梯度稀释后,取 100 μL 适当稀释度的菌液分别涂布在 TSA 和 TSA-SC 平板上,37℃培养 48 h 后计算亚致死细胞数。

如图 4-6 所示,经 PAW 单独处理 4 min 后,亚致死 *E. coli* O157:H7 细胞数为 7.55 $\log_{10}$ CFU/mL。当于 40℃单独处理 4 min 后,亚致死态 *E. coli* O157:H7 细胞数为 8.34 $\log_{10}$ CFU/mL。与 PAW 或 40℃单独处理相比,PAW 协同 40℃处理使亚致死 *E. coli* O157:H7 细胞数量显著降低至 6.04 $\log_{10}$ CFU/mL($p <$ 0.05)。经温热(50℃)单独处理 4 min 后,亚致死 *E. coli* O157:H7 细胞数为 7.61 $\log_{10}$ CFU/mL,PAW 协同温热(50℃)处理使亚致死 *E. coli* O157:H7 细胞

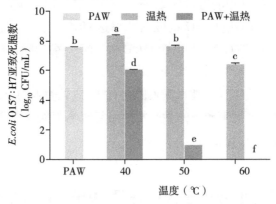

图 4-6 PAW-温热协同处理对 *E. coli* O157:H7 亚致死细胞数的影响
误差线上标注不同字母表示各组差异显著(Ducan 检验,$p < 0.05$)

数量降低至 0.95 $\log_{10}$ CFU/mL（$p<0.05$）。60℃单独处理 4 min 后，亚致死 *E. coli* O157：H7 细胞数为 6.40 $\log_{10}$ CFU/mL，而 PAW 结合 60℃处理相同时间后，未检测到亚致死 *E. coli* O157：H7 细胞（$p<0.05$）。以上结果表明，与 PAW 或温热单独处理相比，PAW 与温热（40、50 和 60℃）共同作用时，亚致死态 *E. coli* O157：H7 细胞数量显著下降。

4.3.2　PAW-尼泊金丙酯协同处理对亚致死态大肠杆菌 O157：H7 细胞的影响

（1）尼泊金丙酯处理对亚致死态 *E. coli* O157：H7 细胞形成规律

PAW 处理得到亚致死 *E. coli* O157：H7 细胞后，将菌液在 9000×g、4℃下离心 10 min，弃上清，使用浓度为 0.85% 的无菌 NaCl 溶液洗去残留的 PAW。将正常和亚致死 *E. coli* O157：H7 细胞置于终浓度为 3 mmol/L 的 PP 溶液中，于室温反应不同时间（0、2、4、6、8 和 10 min），采用 TSA 培养基进行菌落计数，结果见图 4-7。

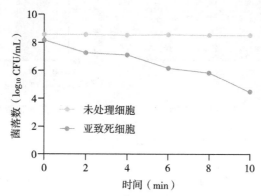

图 4-7　尼泊金丙酯对正常和亚致死 *E. coli* O157：H7 细胞的影响

由图 4-7 可知，随着 PP（终浓度为 3 mmol/L）处理时间（0、2、4、6、8 和 10 min）的延长，未处理 *E. coli* O157：H7 的菌落数无显著变化，分别为 8.59、8.57、8.53、8.57、8.53 和 8.52 $\log_{10}$ CFU/mL。PAW 所诱导的亚致死态 *E. coli* O157：H7 细胞则表现出不同的趋势，其数量随 PP 处理时间的延长而显著降低。经 PAW 处理后，亚致死 *E. coli* O157：H7 细胞的初始数量为 8.19 $\log_{10}$ CFU/mL；经终浓度为 3 mmol/L 的 PP 溶液处理 2、4、6、8 和 10 min 后，亚致死细胞的菌落数分别降低至 7.28、7.12、6.17、5.85 和 4.49 $\log_{10}$ CFU/mL。以上结果表明，尼泊金丙酯可以显著失活亚致死 *E. coli* O157：H7 细胞。

（2）PAW-PP 处理对 *E. coli* O157∶H7 亚致死细胞数的影响

评价 PAW-PP 协同处理对 *E. coli* O157∶H7 亚致死细胞数的影响。对照组∶*E. coli* O157∶H7 菌悬浮液（100 μL）与 0.85% 无菌 NaCl 溶液（900 μL）混合,室温反应 10 min;PAW 单独处理∶取菌悬浮液（100 μL）与 PAW（900 μL）混合,室温反应 10 min;PP 单独处理∶将菌悬浮液（100 μL）、0.85% 无菌 NaCl 溶液（800 μL）与 PP 溶液（100 μL,初始浓度为 30 mmol/L）混合,室温反应 10 min;PAW 协同 PP 处理∶将菌悬浮液（100 μL）、PAW（800 μL）与 PP 溶液（100 μL,初始浓度为 30 mmol/L）混合,室温反应 10 min。最后,用 0.85% 无菌 NaCl 溶液进行 10 倍系列梯度稀释,取 100 μL 适当稀释度的菌液分别涂布于 TSA 和 TSA-SC 平板上,37℃ 培养 48 h,计算亚致死细胞数,实验结果见图 4-8。

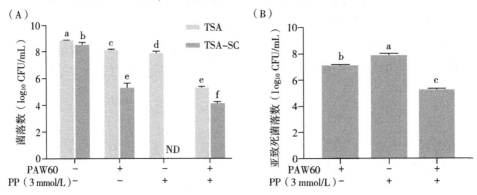

图 4-8　PAW-PP 处理对 *E. coli* O157∶H7 亚致死细胞数的影响
误差线上标注不同字母表示各组差异显著（Ducan 检验,$p<0.05$）
注:+表示添加,-表示未添加。

如图 4-8 所示,对照组 *E. coli* O157∶H7 在 TSA 和 TSA-SC 平板的初始菌落数分别为 8.84 $\log_{10}$ CFU/mL 和 8.52 $\log_{10}$ CFU/mL,差异不显著（$p>0.05$）［图 4-8（A）］。经 PAW 或 PP（终浓度为 3 mmol/L）单独处理 10 min 后,亚致死态 *E. coli* O157∶H7 细胞数分别为 7.13 $\log_{10}$ CFU/mL 和 7.88 $\log_{10}$ CFU/mL［图 4-8（B）］。与 PAW 或 PP（终浓度为 3 mmol/L）单独处理相比,PAW 协同 PP（3 mmol/L）处理使亚致死 *E. coli* O157∶H7 细胞数量显著降低至 5.27 $\log_{10}$ CFU/mL（$p<0.05$）［图 4-8（B）］。以上结果表明,与 PAW 或 PP 单独处理相比,PAW 与 PP 协同作用时,亚致死 *E. coli* O157∶H7 细胞数量显著下降。

4.3.3　结论与展望

综上所述,PAW 与温热（40、50 和 60℃ ）、PAW 与尼泊金丙酯协同处理均能

够显著降低亚致死 *E. coli* O157：H7 细胞数。在后续研究中，首先应深入研究 PAW 与温热和 PAW 与尼泊金丙酯协同处理进一步失活亚致死态微生物的作用机制，此外，还应系统评价 PAW 与温热和尼泊金丙酯协同处理在食品中亚致死态微生物形成的影响。

参考文献

[1]廖小军，饶雷. 食品高压二氧化碳技术［M］. 北京：中国轻工业出版社，2021.

[2]HARTSELL S E. The longevity and behavior of pathogenic bacteria in frozen foods：the influence of plating media［J］. American Journal of Public Health and the Nations Health，1951，41(9)：1072-1077.

[3]庄平. 食品基质中亚致死沙门氏菌诱导与复苏的研究［D］. 广州：华南理工大学，2017.

[4]黄忠民，吕海鹏，艾志录，等. 冷冻致亚致死损伤的金黄色葡萄球菌修复机制［J］. 微生物学报，2015，55(11)：1409-1417.

[5]BUSCH S V，DONNELLY C W. Development of a repair-enrichment broth for resuscitation of heat-injured *Listeria monocytogenes* and *Listeria innocua*［J］. Applied and Environmental Microbiology，1992，58(1)：14-20.

[6]汪月霞，侯鹏飞，索标. 热胁迫下沙门氏菌亚致死规律及机制［J］. 食品科学，2013，34(13)：140-143.

[7]陈卓逐. 大肠杆菌的乳酸亚致死性损伤及修复研究［D］. 重庆：西南大学，2017.

[8]石慧，陈卓逐，庞宇轩，等. 食源性致病菌大肠杆菌 O157：H7 乳酸亚致死性损伤与复活研究［J］. 中国食品学报，2018，18(10)：9-15.

[9]马亚琴，贾蒙，成传香，等. 超高压诱导食品中微生物失活的研究进展［J］. 食品与发酵工业，2019，45(22)：268-275.

[10]SOMOLINOS M，GARCÍA D，PAGÁN R，et al. Relationship between sublethal injury and microbial inactivation by the combination of high hydrostatic pressure and citral or tert-butyl hydroquinone［J］. Appliedand Environmental Microbiology，2008，74(24)：7570-7577.

[11]杨楠楠. 高压脉冲电场处理对黄酒中酿酒酵母菌致死及亚致死损伤效应探

究[D]. 杭州：浙江大学，2016.

[12]ZHAO W, YANG R J, SHEN X H, et al. Lethal and sublethal injury and kinetics of *Escherichia coli*, *Listeria monocytogenes* and *Staphylococcus aureus* in milk by pulsed electric fields[J]. Food Control, 2013, 32(1)：6-12.

[13]BI X F, WANG Y T, ZHAO F, et al. Sublethal injury and recovery of*Escherichia coli* O157：H7 by high pressure carbon dioxide[J]. Food Control, 2015, 50：705-713.

[14]RODRIGO TARTE R, MURANO E A, OLSON D G. Survival and injury of*Listeria monocytogenes*, *Listeria innocua* and *Listeria ivanovii* in ground pork following electron beam irradiation[J]. Journal of Food Protection, 1996, 59(6)：596-600.

[15]相启森，张嵘，范刘敏,等.大气压冷等离子体在鲜切果蔬保鲜中的应用研究进展[J]. 食品工业科技，2021, 42(1)：368-372.

[16]HUANG M M, ZHUANG H, WANG J M, et al. Inactivation kinetics of *Salmonella typhimurium* and *Staphylococcus aureus* in different media by dielectric barrier discharge non-thermal plasma[J]. Applied Sciences, 2018, 8(11)：2087.

[17]LIAO X Y, XIANG Q S, LIU D H, et al. Lethal and sublethal effect of a dielectric barrier discharge atmospheric cold plasma on*Staphylococcus aureus*[J]. Journal of Food Protection, 2017, 80(6)：928-932.

[18]毕秀芳. 高压二氧化碳诱导 *Escherichia coli* O157：H7 亚致死与细胞复苏机制[D]. 北京：中国农业大学，2015.

[19]孙廷丽，施庆珊，欧阳友生，等. 过氧化氢诱导酿酒酵母细胞膜透性和组成的变化[J]. 生物工程学报，2009, 25(12)：1887-1891.

[20]王文洁. 等离子体活化水协同温热对 *E. coli* O157：H7 的杀菌作用及机制研究[D]. 郑州：郑州轻工业大学，2020.

5　等离子体活化水的应用研究

近年来,作为一种新型杀菌技术,等离子体活化水(plasma-activated water,PAW)在农业、食品和生物医学等诸多领域的应用受到广泛关注。本章研究了PAW在绿豆芽生产及保鲜领域的应用效果,同时评价了PAW协同杀菌技术对菠菜、葡萄等生鲜果蔬表面微生物的杀灭作用及品质影响,以期为等离子体活化水技术在食品领域的实际应用提供技术支撑。

5.1　PAW对绿豆芽生长特性及品质的影响

因具有活性组分高、生产成本低等优点,PAW的应用领域已扩展到农业生产方面。Abuzairi等研究发现,经PAW处理后,空心菜种子的发芽率和发芽指数分别提高了16.96%和28.37%,生长指数和鲜重分别显著提高了145.26%和33.33%。同时,Naumova等也发现PAW处理可显著促进黑麦种子的萌发和生长。芽苗菜以豆类或谷类种子所储存的营养物质为基础,浸泡一定时间然后定期淋浇,使种子萌发然后生长到一定长度所获得的幼苗。芽苗菜具有生育期短、生长快速、风味独特、品质柔嫩、营养价值高等特点,深受广大消费者喜爱。然而,目前关于PAW在芽苗菜生产中的研究报道较少。因此,本小节主要研究了PAW处理对绿豆芽生长(发芽率、胚轴长、胚根长、质量等)和品质特性(总多酚、总黄酮含量及抗氧化能力等)的影响,以期为等离子体活化水在芽苗菜生产中的实际应用提供理论依据和技术支撑。

5.1.1　PAW处理对绿豆芽生长特性的影响

如图5-1所示,采用大气压滑动电弧射流放电等离子体装置(APPJ)制备PAW。等离子体射流探头与水表面距离约为5 mm,输出功率为750 W,工作气体为压缩空气(0.18 MPa),流速30 L/min。分别对每200 mL无菌去离子水(sterile distilled water,SDW)放电处理15、30、60和90 s制备PAW,分别记作PAW15、PAW30、PAW60和PAW90。

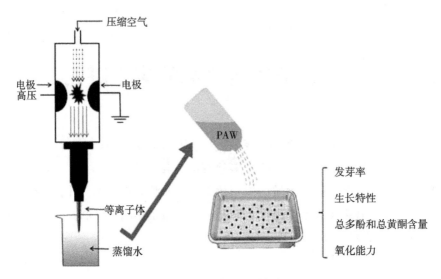

图 5-1　绿豆芽生产示意图

称取 8 g 籽粒饱满、无破损、大小较为均匀的绿豆,浸泡于 35 mL 去离子水(distilled water,DW)及不同放电时间所制备 PAW 中 6 h,浸泡结束后,倒入双层塑料发芽盘中(22.5 cm×14.5 cm×3 cm),沥去多余水分,摊置均匀,在恒温恒湿培养箱中(温度为 25℃,湿度为 85%)培养 5 d。每天用 PAW 或去离子水浇淋 3 次,每次 100 mL。

(1)PAW 处理对绿豆吸水率的影响

称取一定质量的绿豆,浸泡于 40 mL 相应处理组溶液中,每隔 2 h 沥出一次,用吸水纸吸干绿豆表面水分,称重,然后倒回原烧杯中,直到浸泡 10 h,按式(5-1)计算种子吸水率:

$$种子吸水率(\%) = \frac{W_2 - W_1}{W_1} \times 100\% \tag{5-1}$$

式中:W_1 为种子吸水前的质量(g);W_2 为种子吸水后的质量(g)。

浸泡是种子萌发的重要阶段,能够起到软化种皮、促进种子发芽的作用。如图 5-2 所示,PAW 处理可显著提高绿豆吸水率。当浸泡时间为 10 h 时,与去离子水处理组样品相比,PAW15、PAW30、PAW60 和 PAW90 处理组绿豆种子的吸水率分别提高了 0.24%、5.81%、4.76% 和 8.56%。Zhou 等研究发现,PAW 提高绿豆吸水率的原因可能和 PAW 诱导绿豆种皮表面微观结构发生变化、产生皲裂及侵蚀现象等有关。

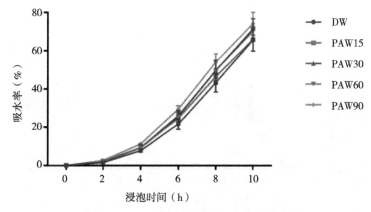

图 5-2   PAW 处理对绿豆吸水率的影响

(2)PAW 处理对绿豆发芽率的影响

绿豆发芽培养后的 18~30 h 内(包括初始浸泡 6 h),以胚根超出种皮 2 mm 为发芽标准,每隔 3 h 取样,并计算发芽率(发芽种子总数占全部种子数的百分比)。由图 5-3 可知,PAW 处理可显著提高绿豆发芽率,并且当放电时间为 15 s 时出现最大促进作用;而后随放电时间的进一步延长(30~90 s),绿豆发芽率逐渐降低,但是 PAW 处理组发芽率总体均高于去离子水处理组样品。当发芽时间为 30 h 时,与去离子水处理组样品相比,PAW15、PAW30、PAW60 和 PAW90 处理组绿豆的发芽率分别提高了 8.69%、8.33%、5.37% 和 2.96%。此外,PAW 处理还可缩短绿豆萌发时间。当发芽处理 18 h 后,PAW15 处理组发芽率为 80.65%,而去离子水处理组绿豆在第 21 h 才能达到类似的发芽率。Abuzairi 和 Naumova 等应用放电时间为 5 min 所制备的 PAW 分别处理空心菜种子和黑麦种子,发现与对照组相比,PAW 处理组中空心菜种子和黑麦种子的发芽率分别提高了 16.96% 和 50%。然而,Porto 等研究发现,采用放电时间分别为 1 min 和 5 min 所制备的 PAW 处理并未对黄豆种子发芽率造成显著影响($p>0.05$)。此外,也有研究发现 PAW 处理能够抑制种子萌发。如 Zhang 等发现经 PAW 处理后,扁豆的发芽率降低至 54%,显著低于未处理样品(发芽率为 71%)。综上所述,PAW 对种子发芽率的影响受种子类型、PAW 制备工艺参数等因素的影响。

活性物质在调节种子休眠和萌发上具有重要作用。具体来说,活性物质依靠于其生成和代谢之间的平衡而具有双重作用。一方面,活性氧类物质(reactive oxygen species,ROS)和活性氮类物质(reactive nitrogen species,RNS)等可作为第二信使介导植物细胞多重反应,以提高种子在不利环境下的防御水平;另一方

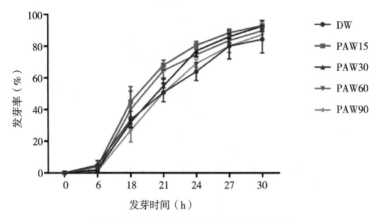

图 5-3　PAW 处理对绿豆发芽率的影响

面,ROS 和 RNS 的过度积累则会对种子造成氧化损伤。在 PAW 应用于种子发芽的实验中,等离子体装置放电模式、气体类型及处理的溶液类型等均会造成 PAW 中活性物质组成和含量的差异。因此,活性物质组成和含量的不同可能是造成上述研究结果差异较大的重要原因之一。

前期研究发现,PAW 中 NO_2^-、NO_3^- 和 H_2O_2 等活性物质的含量随放电时间延长而显著上升,但绿豆发芽率出现先升高后降低的变化趋势,并在 PAW15 处达到最大值。利用 H_2O_2(0~100 mmol/L)预处理拟南芥种子时也观察到类似趋势。这可能是因为在放电时间较短时,PAW 中活性物质浓度较低,此时作为信号分子激发防御系统,从而促进种子萌发,而随着放电时间延长,活性物质浓度逐渐升高,对植物种子产生毒害作用,最终抑制种子的萌发。

(3)PAW 处理对绿豆芽生长特性的影响

除发芽率外,本实验还研究了 PAW 处理对绿豆芽生长特性的影响。绿豆发芽至第 5 d 时,随机挑取 10 根绿豆芽为 1 组,用吸水纸吸干绿豆表面水分,称重,分别测量其胚根和胚轴长度。由图 5-4 可知,与去离子水处理组绿豆芽相比,经放电 15 s 和 30 s 所制备的 PAW 处理组绿豆芽的胚轴长、胚根长及质量均显著增加。与去离子水处理组样品相比,PAW15 处理组绿豆芽的胚轴长和质量分别增加了 12.75% 和 8.09%($p<0.05$)。然而,经放电 60 s 和 90 s 所制备的 PAW 则明显抑制绿豆芽的生长。与去离子水处理组样品相比,PAW90 处理组绿豆芽的质量、胚轴长和胚根长分别降低了 10.46%、14.73% 和 32.83%($p<0.05$)。Porto 等利用等离子体放电 1 min 和 5 min 所制备的 PAW 处理黄豆,同样发现较短放电时间所制备的 PAW 相比长时间放电所制备的 PAW 更能促进黄豆芽生长,并推

测可能与长时间放电所制备的等离子体活化水的 pH 值较低有关。此外,
Sivachandiran 等研究发现 PAW 处理对胡萝卜幼苗生长具有显著促进作用,但是
相同实验条件下则会抑制西红柿幼苗生长。因此,PAW 处理效果受种子类型、
等离子体放电时间和 PAW 处理时间等诸多因素的影响。在 PAW 应用于种子萌
发时,需根据种子类型确定适宜的处理工艺参数。

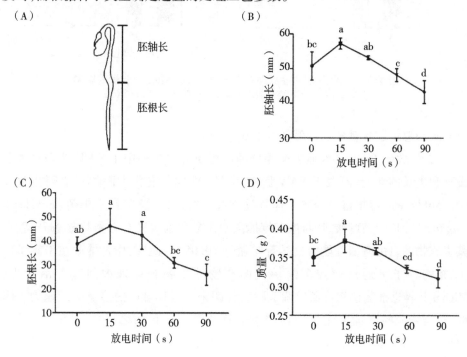

图 5-4　PAW 处理对绿豆芽生长特性的影响
(A)绿豆芽形态示意图;(B)胚轴长;(C)胚根长;(D)质量
误差线上标注不同字母表示各组差异显著(LSD 法,$p<0.05$)

5.1.2　PAW 处理对绿豆芽总多酚和总黄酮含量的影响

多酚和黄酮类物质是绿豆芽中的主要生物活性成分,被证实具有抗氧化、抗
炎等多种活性功能。制备绿豆芽提取液,采用福林酚法测定绿豆提取物中的总
多酚含量,结果表示为每克干重绿豆芽所含没食子酸当量(mg GAE/g DW);采用
亚硝酸钠—硝酸铝—氢氧化钠比色法测定总黄酮含量,结果表示为每克干重绿
豆芽所含芦丁当量(mg RE/g DW)。如图 5-5 所示,PAW 对总多酚和总黄酮含
量的影响呈现先升高后降低趋势,其中 PAW15 处理组绿豆芽中总多酚和总黄酮
含量均达到最大值,然而与去离子水处理组样品相比,PAW90 处理组绿豆芽的

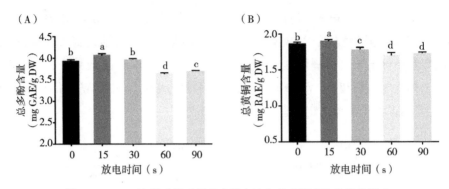

图 5-5 PAW 处理对绿豆芽总多酚(A)和总黄酮(B)含量的影响
误差线上标注不同字母表示各组差异显著(LSD 法,$p<0.05$)

总多酚和总黄酮含量分别显著降低了 6.3% 和 7.6%。

目前,关于 PAW 在农业生产领域的应用研究大多集中于 PAW 处理对种子发芽和生长的影响,而关于 PAW 影响生物活性成分变化方面的报道则相对较少。Mildaziene 等报道经等离子体预处理并进行萌发处理后,松果菊(*Echinacea purpurea*)叶片中菊苣酸、咖啡酸和绿原酸等酚酸和维生素 C 含量均显著升高,且其提取物的自由基清除能力也显著增强($p<0.05$)。此外,作者推测在不利条件下,植物种子可通过调控多酚等代谢产物的生物合成来增强其存活能力。Michalak 等也推测植物可通过调节酚类代谢来应对环境中的多重应激压力。因此,酚类物质的增加可能是植物应对氧化应激的一种防御反应,然而,过量的 ROS 则会抑制酚类物质的生物合成,其作用机制还有待进一步研究。

5.1.3 PAW 处理对绿豆芽抗氧化能力的影响

将各组绿豆芽经冷冻干燥和研磨后,取 0.7 g 绿豆芽粉末与 7 mL 丙酮:水:乙酸(70:29.5:0.5,*v/v/v*)混合液混合,室温下置于 150 r/min 摇床振荡提取 3 h。将上述混合液于室温 $6800\times g$ 下离心 10 min,取上清,向沉淀中加入 7 mL 上述混合液进行二次提取,合并两次上清液 9 mL,置于 4℃冰箱避光保存备用。分别采用 DPPH·清除力、ABTS·$^+$清除力和铁还原力法(FRAP)三种方法评价上述提取物的抗氧化能力。样品的 DPPH·清除能力表示为每克干重绿豆芽所含 Trolox 当量(mg Trolox/g DW),ABTS·$^+$清除能力表示为每克干重绿豆芽所含的 Trolox 当量(mg Trolox/g DW),铁还原能力结果表示为每克干重绿豆芽所含 $FeSO_4$ 的当量(mg $FeSO_4$/g DW)。由表 5-1 可知,绿豆芽提取物具有清除自由基和还原 Fe^{3+} 的能力。此外,三种抗氧化评价方法变化趋势基本一致,PAW15 处理组和对照组抗氧化能力无显著性差异（$p>0.05$），而随着放电时间的进一步延长，所制备 PAW 处理组样品的自由基清除能力和铁还原力均呈下降趋势。以 ABTS·⁺清除力为例，PAW90 处理组的清除率相比对照组下降了 16.44%。

表 5-1 PAW 处理对绿豆芽抗氧化能力的影响

组别	DPPH·清除能力 （mg Trolox/g DW）	ABTS·⁺清除能力 （μmol Trolox/g DW）	FeSO₄ 当量 （mg FeSO₄/g DW）
DW	1.69±0.11ᵃ	34.71±1.01ᵃ	20.29±0.61ᵃᵇ
PAW15	1.64±0.03ᵃ	35.61±1.15ᵃ	21.38±0.71ᵃ
PAW30	1.50±0.03ᵇ	32.40±1.29ᵇ	19.41±1.48ᵇᶜ
PAW60	1.40±0.04ᶜ	29.43±0.53ᶜ	18.05±1.41ᵈ
PAW90	1.36±0.06ᶜ	29.01±0.71ᶜ	18.52±0.27ᶜᵈ

注：同列数据中上标注不同字母表示差异显著（LSD 法，$p<0.05$）。

据报道，除已知的酚类物质具有抗氧化能力外，绿豆芽中的多肽、蛋白质和多糖类等物质同样发挥抗氧化活性。但是，PAW 对上述抗氧化成分含量、结构及活性的影响均不明确，有待后续进行深入研究。

5.1.4 绿豆芽总多酚、总黄酮含量和其抗氧化能力相关性分析

绿豆芽中总多酚、总黄酮含量与其抗氧化能力之间的 Pearson 相关分析结果见表 5-2。可知，抗氧化活性与总多酚、总黄酮含量之间存在极显著的正相关（$0.716 \leqslant R^2 \leqslant 0.873$，$p<0.01$），表明多酚和黄酮类物质是绿豆芽提取物发挥抗氧化能力的主要活性组分。

表 5-2 绿豆芽总多酚、总黄酮含量和抗氧化能力相关性分析

	TPC	TFC	DPPH·清除能力	ABTS·⁺清除能力	Fe³⁺还原力
TPC	1.000				
TFC	0.812**	1.000			
DPPH·清除力	0.716**	0.834**	1.000		
ABTS·⁺清除力	0.873**	0.848**	0.834**	1.000	
Fe³⁺还原力	0.759**	0.746**	0.606**	0.809**	1.000

注：TPC（total phenolic contents）代表总多酚含量；TFC（total flavonoids contents）代表总黄酮含量；** 表示 $p<0.01$。

5.1.5 结论与展望

以上结果表明，与去离子水相比，PAW 处理显著影响绿豆种子的萌发和生

长。放电时间为 15 s 所制备的 PAW 可显著促进绿豆发芽和生长,但是继续延长放电时间(30~90 s)所制备的 PAW 则会抑制绿豆发芽和生长。随 PAW 制备时间的延长,绿豆芽中总多酚和总黄酮含量呈先升高后降低的变化趋势,且 PAW15 处理组绿豆芽中的总多酚和总黄酮含量达到最大值。在今后的研究中,应进一步采用转录组学、蛋白质组学等技术深入研究 PAW 影响绿豆芽萌发和生长的分子机制,同时还应系统评价 PAW 处理在绿豆芽生长过程中表面微生物组成及数量的影响。

5.2 PAW 对绿豆芽的杀菌作用及品质影响

绿豆芽作为一种代表性芽苗菜,富含多酚、类黄酮、维生素等多种活性成分,并且生产工艺简单、价格低廉,因此广受消费者喜爱。然而绿豆芽因生长环境潮湿,在生产及销售等环节极易污染如假单胞菌、肠杆菌、酵母菌和乳酸菌等有害微生物,从而对人类健康造成了潜在安全隐患。近年来,豆芽菜造成的食物中毒事件在世界各地频繁发生,造成严重的健康危害和经济损失。据报道,1998~2010 年,美国共爆发了 33 起绿豆芽食用中毒事件,造成 1330 人中毒。因此,如何采取适当的加工方法确保芽苗菜的安全性,是当前食品科学领域的研究热点问题,但 PAW 在芽苗菜杀菌保鲜中的应用研究较少。因此,本小节主要研究了 PAW 对绿豆芽表面细菌、霉菌和酵母的失活作用,并通过理化指标测定、感官评价及进行储藏实验系统评价绿豆芽品质变化,以期为 PAW 在芽苗菜保鲜中的实际应用提供技术支撑。

5.2.1 PAW 对绿豆芽表面微生物的杀灭作用

(1)不同放电时间 PAW 对绿豆芽表面微生物的失活作用

采用大气压滑动电弧射流放电等离子体装置(APPJ)制备 PAW。200 mL 无菌去离子水(sterile distilled water, SDW)经放电处理 15、30、60 和 90 s 所制备 PAW 分别记作 PAW15、PAW30、PAW60 和 PAW90。挑选出大小均一、无损伤的绿豆芽,分别称取 10 g 豆芽样品浸泡在盛有 200 mL 无菌去离子水(SDW)、PAW15、PAW30、PAW60 和 PAW90 的烧杯中,室温下置于摇床(130 r/min)中洗脱处理 20 min,经适当稀释后,采用平板计数法测定细菌总数和霉菌酵母总数,结果见图 5-6。

细菌总数与霉菌酵母总数是评估食品微生物污染状况的重要指标。如图 5-6 所

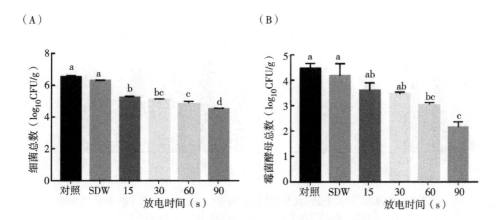

图5-6 不同放电时间所制备PAW对绿豆芽表面微生物细菌(A)和霉菌酵母(B)的失活作用
误差线上标注不同字母表示各组差异显著(LSD法,$p<0.05$)

示,未经任何处理的绿豆芽其表面细菌总数和霉菌酵母总数分别为6.53 $\log_{10}$ CFU/g
和4.46 $\log_{10}$ CFU/g。当经过SDW浸泡20 min后,绿豆芽表面细菌总数和霉菌
酵母总数分别降低至6.30 $\log_{10}$ CFU/g和4.18 $\log_{10}$ CFU/g,但是与对照组样品相
比无显著性差异($p>0.05$),说明SDW单独清洗不能显著降低绿豆芽表面微生物
数量。而当用PAW浸泡处理后,绿豆芽表面细菌总数和霉菌酵母总数均显著降
低($p<0.05$),且随制备时间的延长,PAW杀菌效果明显增强。与SDW处理组样
品相比,经PAW90浸泡处理20 min后时,绿豆芽表面细菌总数和霉菌酵母总数
分别降低了1.77和2.03个对数。与本文研究结果一致,Ma等发现使用放电时
间为10 min所制备的PAW浸泡处理5 min后,草莓表面金黄色葡萄球菌数量降
低了1.6个对数,而普通去离子水处理组仅可降低0.3个对数。以上结果表明,
PAW浸泡处理能够显著降低绿豆芽表面细菌总数和霉菌酵母总数。

(2)浸泡时间对PAW杀菌效果的影响

根据以上实验结果选择放电30 s所制备PAW30进行下一步研究,对比
SDW和PAW30不同浸泡时间(10、20和30 min)对绿豆芽表面微生物数量的影
响,以未经任何处理的绿豆芽为对照组,结果见图5-7。

如图5-7所示,未处理组绿豆芽表面细菌总数及霉菌酵母总数分别为
6.38 $\log_{10}$ CFU/g和5.07 $\log_{10}$ CFU/g。经SDW分别浸泡处理10 min和20 min
后,绿豆芽表面微生物数量未发生显著变化($p>0.05$);当处理时间延长至30 min
时,绿豆芽表面细菌总数仅降低了0.22 $\log_{10}$ CFU/g($p<0.05$),而霉菌和酵母总数
未发生显著变化($p>0.05$)。与SDW相比,PAW30浸泡处理可降低绿豆芽表面细

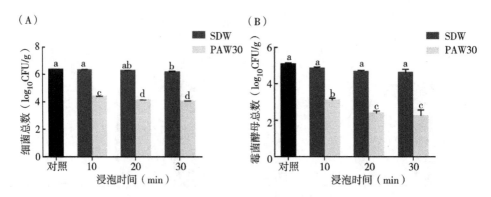

图 5-7　PAW30 浸泡处理对绿豆芽表面细菌(A)和霉菌酵母(B)的失活作用
误差线上标注不同字母表示各组差异显著(LSD 法,$p<0.05$)

菌总数和霉菌酵母总数,其杀菌效果随浸泡时间延长而显著增强($p<0.05$)。经 PAW30 浸泡处理 10、20 和 30 min 后,绿豆芽表面细菌总数分别降低了 1.78、2.28 和 2.38 $\log_{10}$ CFU/g。此外,经 PAW30 浸泡处理 10、20 和 30 min 后,绿豆芽表面霉菌酵母总数分别降低至 3.09、2.39 和 2.24 $\log_{10}$ CFU/g,显著低于对照组样品(5.08 $\log_{10}$ CFU/g)。上述研究结果与之前的研究报道一致。Ma 等发现,PAW 处理能够有效降低接种于草莓表面的金黄色葡萄球菌;经不同放电时间所制备 PAW 处理 5~15 min 后,接种于草莓表面的金黄色葡萄球菌降低了 1.6~2.3 个对数值。

5.2.2　PAW 处理对绿豆芽总多酚和总黄酮含量的影响

多酚和黄酮类物质是绿豆芽中的主要活性成分,对人体有多种健康促进作用。将经过不同浸泡时间处理后的绿豆芽进行冷冻干燥和研磨,制备提取物,然后分别采用福林酚法和亚硝酸钠—硝酸铝—氢氧化钠比色法测定样品中的总多酚和总黄酮含量,结果见图 5-8 和图 5-9。

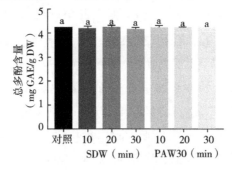

图 5-8　SDW 和 PAW30 浸泡处理对绿豆芽总多酚含量的影响
误差线上标注不同字母表示各组差异显著(LSD 法,$p<0.05$)

如图 5-8 所示,未处理组绿豆芽中总多酚含量为 4.23 mg GAE/g DW;经 SDW 或 PAW30 浸泡处理 10~30 min 后,各组绿豆芽样品的总多酚含量均未发生显著性变化($p>0.05$)。

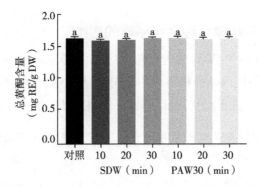

图 5-9　SDW 和 PAW30 浸泡处理对绿豆芽总黄酮含量的影响
误差线上标注不同字母表示各组差异显著(LSD 法,$p<0.05$)

如图 5-9 所示,未处理组绿豆芽中总黄酮含量为 1.61 mg RE/g DW;经 SDW 或 PAW30 浸泡处理 10~30 min 后,各组绿豆芽样品的总黄酮含量均未发生显著性变化($p>0.05$)。与本实验结论类似,Guo 等也发现 PAW 处理组葡萄中的总花青素含量与对照组相比无显著性差异($p>0.05$)。

5.2.3　PAW 对绿豆芽提取物抗氧化能力的影响

绿豆芽经 SDW 或 PAW30 浸泡处理 10、20 和 30 min 后,制备提取物,采用 DPPH·清除实验、ABTS·[+]清除实验和铁还原力法评价 PAW 处理对绿豆芽抗氧化能力的影响,结果见表 5-3。

表 5-3　SDW 和 PAW30 浸泡处理对绿豆芽抗氧化能力的影响

组别(时间)	DPPH·清除率(%)	ABTS·[+]清除能力 (mg TE/g DW)	铁还原力 (mg FeSO$_4$/g DW)
对照组	49.62±1.26[a]	6.18±0.19[a]	1.14±0.03[a]
SDW(10 min)	48.66±0.75[a]	6.23±0.08[a]	1.17±0.03[a]
SDW(20 min)	47.98±1.63[a]	6.23±0.33[a]	1.17±0.04[a]
SDW(30 min)	47.57±0.88[a]	6.17±0.07[a]	1.17±0.02[a]
PAW30(10 min)	47.96±0.70[a]	6.24±0.04[a]	1.14±0.02[a]
PAW30(20 min)	47.69±0.71[a]	6.16±0.16[a]	1.17±0.05[a]
PAW30(30 min)	48.04±0.86[a]	6.10±0.24[a]	1.18±0.03[a]

注:同列数据中上标相同字母表示无显著差异(LSD 法,$p>0.05$)。

如表 5-3 所示,与对照组相比,SDW 和 PAW30 处理组绿豆芽对 DPPH·清除力、ABTS·$^+$清除力和 Fe^{3+}还原能力均无显著差异($p>0.05$),表明 PAW 处理对绿豆芽抗氧化能力无显著影响。

5.2.4　PAW 对绿豆芽感官品质的影响

绿豆芽经 SDW 或 PAW30 浸泡处理 10、20 和 30 min,备用。组织 20 名人员进行感官评价培训,经培训合格后采用 9 分制从外观、色泽、气味和质地等方面对所有实验组绿豆芽进行感官评价,感官评价结果见表 5-4。

表 5-4　SDW 和 PAW30 浸泡处理对绿豆芽感官品质的影响

组别(时间)	外观	色泽	气味	质地	总体接受度
对照组	7.72±0.92[a]	7.70±0.99[a]	7.62±0.92[a]	7.73±0.64[a]	7.69±0.84[a]
SDW(10 min)	7.86±0.75[a]	7.82±0.91[a]	7.39±1.04[a]	7.89±0.54[a]	7.74±0.81[a]
SDW(20 min)	8.16±0.71[a]	7.83±1.09[a]	7.71±0.84[a]	8.02±0.47[a]	7.93±0.78[a]
SDW(30 min)	8.25±0.61[a]	7.89±1.20[a]	7.63±1.14[a]	8.10±0.56[a]	7.97±0.88[a]
PAW30(10 min)	7.93±0.57[a]	7.67±1.09[a]	7.44±0.95[a]	8.02±0.51[a]	7.77±0.78[a]
PAW30(20 min)	8.05±0.55[a]	7.80±1.19[a]	7.81±0.91[a]	8.20±0.57[a]	7.96±0.80[a]
PAW30(30 min)	8.01±0.76[a]	7.86±1.15[a]	7.56±1.27[a]	8.33±0.43[a]	7.94±0.90[a]

注:同列数据中上标相同字母表示无显著差异(LSD 法,$p>0.05$)。

由表 5-4 可知,与对照组样品相比,SDW 和 PAW 处理组绿豆芽在外观、色泽、气味、质地和总体接受度方面无显著差异($p>0.05$),这些结果与已报道的研究结果相一致。例如,Ma 等研究发现,经 PAW 浸泡处理后,草莓的色泽、硬度和 pH 等指标均未发生显著变化。此外,Xu 等也表明,经 PAW 处理后,双孢菇(*Agaricus bisporus*)的色泽和 pH 等理化指标均未发生显著变化。

5.2.5　PAW 处理对绿豆芽储藏期间微生物的影响

将经 SDW 和 PAW30 不同浸泡时间处理的绿豆芽置于 4℃冰箱,进行为期 6 d 的储藏实验,观察其储藏期间的外观和形态变化。当储藏至第 4 d 时,对照组及 SDW 组发生腐败现象,根茎部有黏液产生,而 PAW30 处理组形态未出现明显变化。储藏 6 d 时,对照组及 SDW 处理组绿豆芽已严重腐败,芽身透明且全部变为黄色,并有腐烂味及酸臭味产生。此时,浸泡时间为 10 min 的 PAW30 处理组仅根部出现部分腐败现象,PAW30(20 min)和 PAW30(30 min)处理组绿豆芽头部有黄褐色产生,芽身无明显变化。以上结果说明 PAW30 可有效抑制绿豆芽的微生物腐败。取储藏 6 d 后的样品,采用平板计数法测定表面细菌总数和霉菌酵母总数,结果见图 5-10。

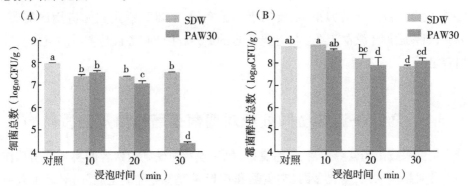

图 5-10　储藏 6 d 后 SDW 和 PAW30 处理组绿豆芽菌落总数(A)和霉菌酵母总数(B)
误差线上标注不同字母表示各组差异显著(LSD 法,$p<0.05$)

由图 5-10 可知,当储藏至第 6 d 时,与对照组样品相比,PAW30 处理 10、20 和 30 min 组绿豆芽表面细菌总数分别降低了 0.41、0.92 和 3.6 $\log_{10}$ CFU/g;此外,当浸泡时间为 20 min 和 30 min 时,PAW30 处理组绿豆芽表面细菌总数显著低于 SDW 组样品($p<0.05$)。霉菌酵母总数实验结果与细菌总数结论基本一致。由图 5-10B 可知,PAW 处理也能抑制贮藏过程绿豆芽表面霉菌和酵母的生长繁殖。上述结果与以前的研究报道相一致。例如,Ma 等发现,经不同放电时间所制备 PAW 处理 5~15 min 并于 20℃ 贮藏 4 d 后,接种于草莓表面的金黄色葡萄球菌降低了 1.6~2.3 个对数。Xu 等也同样发现采用 PAW 处理可显著降低储藏间双孢菇表面细菌和真菌的数量。在食物生态系统中,微生物之间可通过合作、竞争、共生等方式发生相互作用。因此,推测造成霉菌酵母总数大幅度升高的原因在于储藏期间霉菌酵母和细菌的相互作用方式发生了改变。此外,Molinos 等研究表明,应用肠道菌素 AS-48 可导致黄豆芽在储藏期间微生物群落出现明显变化。因此,在今后的工作中还应采用组学技术系统研究 PAW 处理对生鲜果蔬表面微生物群落结构的影响。

5.2.6　结论与展望

综上所述,PAW 对绿豆芽表面细菌和霉菌酵母的杀灭效能随制备时间和浸泡时间的延长而显著增强($p<0.05$)。同时,PAW 不同浸泡时间处理对绿豆芽总

多酚、总黄酮含量、抗氧化能力和感官品质均无显著影响($p>0.05$)。上述研究结果为 PAW 在芽苗菜杀菌保鲜领域的应用提供了理论依据。在今后的工作中应重点关注 PAW 处理食品体系后硝酸盐和亚硝酸盐等物质残留问题。此外,现有 PAW 生产设备的产量偏小,主要用于实验室研究,难以满足实际应用的需要。因此,研发适用于食品工业实际生产需求的 PAW 生产装备也是今后的重要研究内容之一。

5.3 PAW-温热协同处理对葡萄杀菌作用及品质影响

生鲜果蔬由于营养丰富、口感良好、风味独特而受到消费者的喜爱。葡萄作为一种浆果类水果,富含多酚、类黄酮和花青素等多种抗氧化成分,对维护人体健康具有重要意义。然而葡萄在采收过程中易受损,且在贮藏过程中极易污染腐败菌和食源性致病菌,使其失去食用价值并对消费者造成潜在健康危害。因此寻求一种环保安全、易于操作且保鲜效果显著的保鲜方法尤为重要。近年来,PAW 在食品工业生产和安全控制领域中的应用受到了广泛关注。然而,大量研究表明,PAW 对酵母、霉菌等的杀菌效能较弱,制约了其在果蔬保鲜领域的实际应用。前期研究表明,PAW 与温热协同处理能够增强其对酵母、霉菌等的杀灭效果,但 PAW 与温热协同处理对果蔬表面微生物污染和品质影响的研究尚不充分。因此,本小节主要研究了 PAW-温热协同处理对葡萄表面酿酒酵母的失活作用,并通过理化指标测定和抗氧化能力测定系统评价葡萄品质变化,以期为 PAW-温热协同处理技术在生鲜果蔬保鲜领域的实际应用提供技术支撑。

5.3.1 PAW-温热协同处理对葡萄表面酿酒酵母的失活作用

(1)样品预处理

制备活菌数约为 $7 \log_{10}$ CFU/mL 的酿酒酵母菌悬液,备用。选择形状大小均一的夏黑葡萄样品进行实验[单粒重(7.0 ± 0.5)g]。经无菌水清洗后,在超净工作台内自然风干并放在无菌培养皿上于紫外灯下照射 30 min,随后将葡萄样品在酿酒酵母菌悬液中浸泡 30 min,并将样品于无菌操作台静置 30 min,以便酿酒酵母粘附于葡萄表面。

(2)PAW 制备

采用 TS-PL-200 型低温等离子体射流发生装置制备 PAW。将 200 mL 无菌去离子水(sterile distilled water,SDW)置于烧杯中,APPJ 装置喷射探头与液体间距为 5 mm,经等离子体放电处理 90 s 制备的等离子体活化水(PAW)记为 PAW90。

(3)分组处理

实验流程见图 5-11,各组处理方法如下:

PAW 单独处理:将接种后的葡萄样品浸泡于 20 mL PAW90(于 50 mL 离心管中,2 颗葡萄样品/管),在 25℃水浴摇床中震荡处理 30 min;

温热单独处理:将接种后的葡萄样品浸泡于 20 mL SDW(于 50 mL 离心管中,2 颗葡萄样品/管),分别于 25、50、52.5 和 55℃条件下水浴摇床中震荡处理 30 min;

PAW+温热协同处理:将接种后的葡萄样品浸泡在 20 mL PAW90(于 50 mL 离心管中,2 颗葡萄样品/管)中,分别于 25、50、52.5 和 55℃条件下水浴摇床中震荡处理 30 min(如图 5-11 所示)。

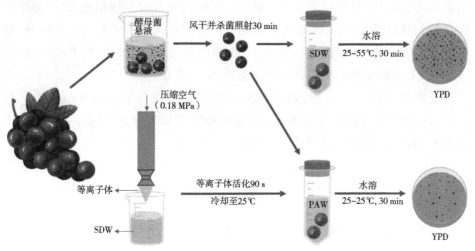

图 5-11　实验流程

处理结束后,将样品迅速冷却至 25℃,后取出样品放入装有生理盐水的无菌袋中,经匀浆机拍打 2 min,混匀后稀释至合适梯度,取 100 μL 稀释液于 YPD 平板并涂布,于 30℃培养箱中培养 48 h,后进行菌落计数。实验结果表示为 $\log_{10}$ CFU/g,每个稀释梯度均重复 3 次。PAW 协同温热处理对葡萄表面酿酒酵母的杀灭效果见图 5-12。

由图 5-12 可知,葡萄样品浸泡于菌悬液 30 min 后,附着在其表面的酿酒酵母为 $(5.85\pm0.05)\log_{10}$ CFU/g。在 25℃条件下采用 SDW 洗涤 30 min 后,接种在

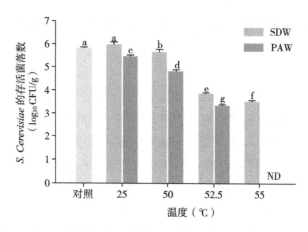

图 5-12　PAW 温热协同处理 30 min 对葡萄表面酿酒酵母的失活作用
误差线上标注不同字母表示差异显著(LSD 法,$p<0.05$)

葡萄表面的酿酒酵母数量无显著变化($p>0.05$);而与对照组相比,25℃条件下 PAW90 浸泡处理 30 min 后,葡萄表面酿酒酵母数量降低了 0.39 $\log_{10}$ CFU/g,差异显著($p<0.05$)。当处理温度升高至 50、52.5 和 55℃时,SDW 和 PAW 对接种于葡萄表面酿酒酵母的失活作用均显著增强($p<0.05$)。在 50℃和 52.5℃条件下采用 PAW 浸泡 30 min 后,葡萄表面酿酒酵母分别降低了 1.03 $\log_{10}$ CFU/g 和 2.57 $\log_{10}$ CFU/g,其效果显著高于相同温度条件下 SDW 单独处理($p<0.05$)。当 PAW90 协同 55℃温热浸泡处理 30 min 后,葡萄表面酿酒酵母数量减少了约 5.85 $\log_{10}$ CFU/g。以上结果表明,温热(52.5~55℃)协同处理可以显著提高 PAW90 对葡萄表面酿酒酵母的杀灭效果。

5.3.2　PAW-温热协同处理对葡萄色泽的影响

色泽是影响消费者对鲜食葡萄接受度的重要因素之一。采用 SC-80C 型全自动色差仪(北京康光光学仪器有限公司)测定各组样品在处理前后色泽参数(L^*、a^* 和 b^*)的变化并计算总色差(ΔE),结果见表 5-5 和表 5-6。

(1)葡萄表面 L^*、a^* 和 b^* 值的变化

如表 5-5 所示,经不同处理前后,葡萄样品的 L^*、a^* 和 b^* 值无显著变化。上述结果与 Guo 等的研究结果相一致。Guo 等发现,葡萄样品经 PAW 清洗 30 min 后,其 L^*、a^* 和 b^* 值等色泽参数均未发生显著变化($p>0.05$)。Zheng 等也得到类似的研究结果。Zheng 等发现,经 PAW 洗涤处理 30 min 后,葡萄样品的色泽指标均未发生显著变化($p>0.05$)。

表 5-5　不同处理前后对葡萄表面色泽的影响

分组	L^*		a^*		b^*	
	处理前	处理后	处理前	处理后	处理前	处理后
对照组	27.72±0.59	27.72±0.59	8.05±0.83	8.05±0.83	1.98±0.62	1.98±0.62
SDW(25.0℃,30 min)	27.23±0.59	27.71±0.71	7.80±1.51	7.61±1.84	2.08±0.78	1.96±0.52
PAW(25.0℃,30 min)	28.22±0.64	28.23±1.18	8.63±0.40	8.68±0.34	2.63±0.28	2.99±0.56
SDW(50.0℃,30 min)	27.84±0.49	27.65±0.53	6.64±0.65	6.84±0.99	1.61±0.59	1.62±0.51
PAW(50.0℃,30 min)	27.14±0.48	27.13±0.42	6.04±1.55	5.77±1.33	1.10±0.53	1.39±0.24
SDW(52.5℃,30 min)	28.65±0.16	28.70±0.59	7.74±0.63	7.84±1.48	2.08±0.34	2.01±0.99
PAW(52.5℃,30 min)	28.33±0.49	28.29±0.54	8.48±0.88	8.18±0.90	2.51±0.47	2.12±0.26
SDW(55.0℃,30 min)	27.84±0.78	27.94±0.70	7.27±1.50	7.36±1.88	1.67±0.39	1.77±0.25
PAW(55.0℃,30 min)	27.95±0.79	27.54±0.86	6.90±1.93	6.49±2.09	1.50±0.84	1.32±0.97

注:结果以均值±标准差表示($n=15$)。

（2）色差（ΔE）变化

ΔE 值是评价葡萄样品处理前后整体色泽变化的重要指标。采用式（5-2）计算 ΔE：

$$\Delta E = [(L^* - L_0^*)^2 + (a^* - a_0^*)^2 + (b^* - b_0^*)^2]^{1/2} \qquad (5-2)$$

式中：L_0^*、a_0^* 和 b_0^* 为处理前葡萄样品的色泽参数；L^*、a^* 和 b^* 为同一葡萄样品经不同处理后的色泽参数。

由表 5-6 可知，经 SDW 或 PAW90 浸泡处理不同时间后，葡萄样品的 ΔE 值未发生显著变化。上述与 Zheng 等的研究结果一致。Zheng 等发现，经 PAW 洗涤处理 30 min 后，葡萄样品的 ΔE 值未发生显著变化（$p>0.05$）。

表 5-6　不同处理前后对葡萄表面色差的影响

分组	ΔE
对照组	—
SDW(25.0℃,30 min)	0.97±0.23[a]
PAW(25.0℃,30 min)	0.86±0.64[a]
SDW(50.0℃,30 min)	0.93±0.31[a]
PAW(50.0℃,30 min)	0.59±0.19[a]
SDW(52.5℃,30 min)	0.81±0.47[a]
PAW(52.5℃,30 min)	0.73±0.18[a]
SDW(55.0℃,30 min)	0.94±0.02[a]
PAW(55.0℃,30 min)	0.86±0.28[a]

注:结果以均值±标准差表示($n=15$)；同列数据中上标相同字母表示无显著差异（LSD 法,$p>0.05$）。

5.3.3　PAW-温热协同处理对葡萄 pH 和可滴定酸的影响

pH 值和可滴定酸含量是影响葡萄口感和风味的重要品质指标之一。由表 5-7 可知,与对照组相比,经在 25~55℃温热处理 30 min 的条件下,PAW 和 SDW 各处理组葡萄样品的 pH 值和可滴定酸含量均未发生显著变化($p>0.05$),这与 Ma 和 Xu 等的研究结果一致。Ma 和 Xu 等发现,经 PAW 浸泡处理后,草莓和双孢菇的 pH 值均未发生显著变化($p>0.05$)。

表 5-7　PAW 协同温热处理对葡萄 pH 和可滴定酸的影响

分组	pH	可滴定酸(g/100 g FW)
对照组	3.66±0.03[a]	0.674±0.002[a]
SDW(25.0℃,30 min)	3.61±0.02[a]	0.676±0.002[a]
PAW(25.0℃,30 min)	3.61±0.02[a]	0.656±0.004[a]
SDW(50.0℃,30 min)	3.60±0.01[a]	0.661±0.002[a]
PAW(50.0℃,30 min)	3.60±0.01[a]	0.671±0.002[a]
SDW(52.5℃,30 min)	3.57±0.03[a]	0.669±0.008[a]
PAW(52.5℃,30 min)	3.64±0.02[a]	0.660±0.004[a]
SDW(55.0℃,30 min)	3.62±0.04[a]	0.655±0.007[a]
PAW(55.0℃,30 min)	3.61±0.03[a]	0.662±0.005[a]

注:结果以均值±标准差表示($n=3$),同一列相同字母表示差异不显著(LSD 法,$p>0.05$)。

5.3.4　PAW-温热协同处理对葡萄可溶性固形物和还原糖的影响

可溶性固形物(total soluble solids,TSS)是反映果蔬成熟程度和品质状况的主要评价指标之一,主要包括可溶性糖、有机酸、单宁、少量的矿物质和维生素等。各组样品经 SDW 或 PAW90 浸泡处理不同时间后,进行榨汁,采用 PAL-1 型数显折光仪测定其可溶性固形物含量,结果表示为°Brix。由表 5-8 可知,与对照组相比,经 PAW 协同温热(25~55℃)处理后,葡萄样品的可溶性固形物含量均未发生显著变化($p>0.05$)。

表 5-8　PAW 协同温热处理对葡萄可溶性固形物和还原糖含量的影响

分组	TSS(°Brix)	还原糖含量(g/100 g FW)
对照组	17.1±0.4[a]	14.37±0.60[a]
SDW(25.0℃,30 min)	17.2±0.3[a]	14.39±0.33[a]

分组	TSS(°Brix)	还原糖含量(g/100 g FW)
PAW(25.0℃,30 min)	17.0±0.2[a]	14.22±0.34[a]
SDW(50.0℃,30 min)	17.0±0.2[a]	14.57±0.36[a]
PAW(50.0℃,30 min)	17.1±0.3[a]	14.35±0.60[a]
SDW(52.5℃,30 min)	16.9±0.1[a]	14.34±0.63[a]
PAW(52.5℃,30 min)	17.2±0.2[a]	14.23±0.11[a]
SDW(55.0℃,30 min)	17.0±0.1[a]	14.39±0.19[a]
PAW(55.0℃,30 min)	17.0±0.1[a]	14.22±0.23[a]

注:结果以均值±标准差表示($n=3$),同一列相同字母表示差异不显著(LSD法,$p>0.05$)。

还原糖含量是评价果蔬及其制品质量指标的重要指标之一。由表5-8可知,与未处理组相比,经PAW协同不同温度(25~55℃)处理后,葡萄样品的还原糖含量无显著变化($p>0.05$)。以上研究结果表明,PAW协同温热处理不会对葡萄可溶性固形物和还原糖含量造成不良影响,与上述结果类似,有研究表明PAW或去离子水洗涤未对葡萄可溶性固形物含量造成显著影响。此外,Ma等研究报道,杨梅贮藏第0 d的可溶性固形物含量为11.54%,贮藏8 d后,对照组杨梅的可溶性固形物含量降低至10.11%,而PAW处理组杨梅的可溶性固形物含量仅降低至11.45%。这可能是由于PAW处理抑制了杨梅的呼吸速率,从而降低了贮藏过程中糖分的消耗。

5.3.5　PAW-温热协同处理对葡萄总多酚和维生素C含量的影响

葡萄富含酚类化合物(花色苷、黄烷醇、黄酮醇类物质、酚酸、酚醛和芪类物质等)和维生素(维生素 B_1、维生素 B_2 和维生素 C 等),对维护人体健康具有重要意义。各组样品经 SDW 或 PAW90 浸泡处理不同时间后,进行榨汁。采用福林酚法测定葡萄汁中总多酚含量,绘制没食子酸(0~0.15 mg/mL)标准曲线,测定结果表示为 100 g 鲜重葡萄所含没食子酸当量(mg GAE/100 g FW);采用 2,6-二氯靛酚滴定法测定葡萄汁中维生素C含量,结果表示为 mg/100 g FW。

(1)PAW-温热协同处理对葡萄总多酚含量的影响

PAW协同温热处理对葡萄中总多酚含量的影响见图5-13。

由图5-13可知,未处理组葡萄样品中总酚含量为(101.60±3.65)mg GAE/100 g FW。经 PAW 或 SDW 协同不同温度(25~55℃)处理 30 min 后,葡萄样品中总酚含量均未发生显著变化($p>0.05$),这与 Guo 等的研究结果一致。Guo 等

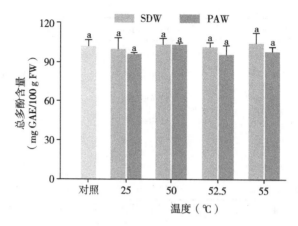

图 5-13　PAW 协同温热处理 30 min 对葡萄总多酚含量的影响
误差线上标注不同字母表示差异显著(LSD 法,$p<0.05$)

研究发现经 PAW 处理 30 min 后,葡萄样品中总酚和总花青素含量均未发生显著变化。

(2)PAW-温热协同处理对葡萄维生素 C 含量的影响

如图 5-14 所示,未处理组葡萄样品中维生素 C 含量为(14.85 ± 0.55)mg/100 g FW,而经 PAW 和 SDW 在 25~55℃条件下处理 30 min 后,各组样品中维生素 C 含量均未发生显著变化($p>0.05$)。有研究表明,在放电电压为 55 kV 时所制备 PAW 对鲜切生菜中维生素 C 和叶绿素含量均无显著影响($p>0.05$),但放电电压为 75 kV 时所制备 PAW 会降低鲜切生菜中维生素 C 和叶绿素含量。

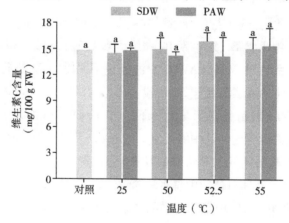

图 5-14　PAW 协同温热处理 30 min 对葡萄维生素 C 含量的影响
误差线上标注不同字母表示差异显著(LSD 法,$p<0.05$)

5.3.6 PAW-温热协同处理对葡萄抗氧化能力的影响

各组样品经 SDW 或 PAW90 浸泡处理不同时间后,进行榨汁。分别测定所得样品对 ABTS·⁺的清除能力和铁离子还原力。样品的 ABTS·⁺清除能力表示为每 100 g 鲜重葡萄所含的 Trolox 当量(mg Trolox/100 g FW),样品的铁离子还原力表示为每 100 g 鲜重葡萄所含 $FeSO_4$ 的当量(mg $FeSO_4$/100 g FW)。

(1)ABTS·⁺清除能力测定

ABTS 法最早是由 Miller 等提出,主要用于测定生物样品的抗氧化能力。ABTS 是一种化学显色剂,在过硫酸铵氧化作用下能够产生绿色的单阳离子自由基(ABTS·⁺)。当加入抗氧化剂后,ABTS·⁺被还原为 ABTS,其在 734 nm 波长处吸光度降低。ABTS 法具有快速、操作简单、可信度高等优点,因此被广泛用于果蔬类样品抗氧化能力的测定。由图 5-15 可知,与未处理组相比,经不同温度处理后,SDW 和 PAW90 处理组葡萄样品对 ABTS·⁺的清除能力未发生显著变化($p>0.05$)。

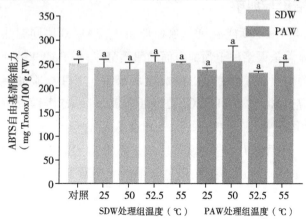

图 5-15　PAW 协同温热处理对葡萄提取物 ABTS 自由基清除能力的影响
误差线上标注不同字母表示差异显著(LSD 法,$p<0.05$)

(2)铁离子还原力测定

铁离子还原力测定法是指某些抗氧物质能够在 TPTZ 的乙酸钠溶液中将 Fe^{3+} 还原成 Fe^{2+},并生成蓝色含 Fe^{2+} 的复杂化合物,该物质在 593 nm 处有最大吸收。通过铁还原力法评价各种不同处理后对葡萄抗氧化能力的影响结果见图 5-16。

如图 5-16 所示,与对照组相比,在不同的温度条件下,SDW 和 PAW90 处理组葡萄样品的 Fe^{3+} 还原能力无显著性差异($p>0.05$)。以上实验结果表明,PAW90 协同温热处理未对葡萄抗氧化能力造成不良影响。

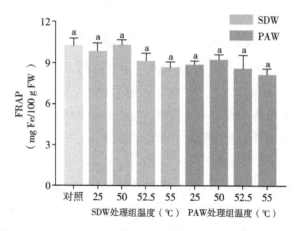

图 5-16　PAW 协同温热处理对葡萄提取物铁还原力的影响
误差线上标注不同字母表示差异显著(LSD 法, $p < 0.05$)

5.3.7　结论与展望

综上所述,与 PAW90 或温热单独处理相比,PAW90 协同温热(25、50、52.5 和 55℃)能够显著杀灭接种于葡萄表面的酿酒酵母;经 PAW90 协同 55℃温热处理 30 min 后,葡萄表面酿酒酵母由初始的 5.85 $\log_{10}$ CFU/g 降低到检测限以下;PAW90 协同温热(50、52.5 和 55℃)浸泡处理 30 min 未对葡萄的色泽、pH 值、可滴定酸、可溶性固形物、还原糖、总多酚、维生素 C 含量和抗氧化能力(ABTS·⁺ 清除能力和 Fe^{3+} 还原能力)造成显著影响。在今后的研究工作中,应系统研究 PAW 协同温热处理对生鲜果蔬贮藏过程中微生物数量、营养指标、感官品质及货架期的影响。

5.4　PAW-尼泊金丙酯协同处理对菠菜杀菌作用及品质影响

尼泊金酯(Paraben)是对羟基苯甲酸酯的商品名称,是一类具有毒性低、用量少、适用 pH 范围广和高效易复配等优点的防腐剂。尼泊金酯类防腐剂主要包括尼泊金甲酯、尼泊金乙酯、尼泊金丙酯、尼泊金丁酯和尼泊金庚酯等及其钠盐。目前,尼泊金酯已广泛应用于食品、化妆品、医药、饲料及各种工业防腐方面。前期研究发现,PAW 与尼泊金丙酯(propyl paraben,PP)协同处理能够有效杀灭大肠杆菌 O157∶H7(*E. coli* O157∶H7),但二者协同处理对生鲜果蔬表面微生物的杀灭作用及品质影响尚不明确。因此,本小节拟研究 PAW 与尼泊金丙酯协同

处理对菠菜表面 *E. coli* O157：H7 的杀灭作用,同时系统评价其对菠菜色泽、总叶绿素、可溶性固形物、总酚及抗氧化能力等指标的影响,以期为该技术在果蔬保鲜领域的实际应用提供理论依据和技术支撑。图 5-17 为尼泊金丙酯的化学结构。

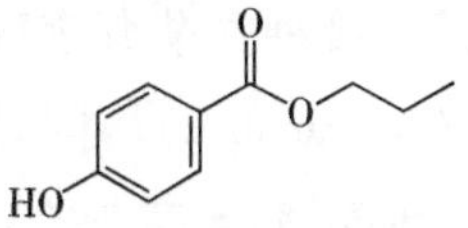

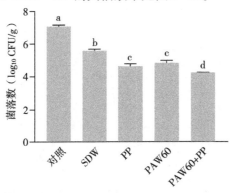

图 5-17　尼泊金丙酯的化学结构

5.4.1　PAW-尼泊金丙酯协同处理对菠菜和洗涤废水中大肠杆菌的杀灭作用

制备活菌数约为 7 $\log_{10}$ CFU/mL 的 *E. coli* O157：H7 菌悬液,备用。新鲜菠菜叶经无菌水清洗后,切成尺寸为 3 cm × 4 cm 的样品,放置在无菌培养皿中于超净工作台内紫外灯下照射 30 min,以减少菠菜表面的微生物。处理后的每片菠菜单面点接 100 μL *E. coli* O157：H7 菌悬液,置于无菌工作台静置 30 min。接种的菠菜样品[(4.0 ± 0.5) g]分别浸泡于 150 mL 的无菌去离子水(sterile distilled water, SDW)、PAW60、PP 溶液(4 mmol/L)和 PAW60+PP(4 mmol/L)中洗涤 30 min。

(1)PAW-尼泊金丙酯协同处理对菠菜表面 *E. coli* O157：H7 的杀灭作用

取出洗涤后的样品放入装有生理盐水(36 mL)的无菌袋中,经均浆机拍打 3 min,混匀后进行梯度稀释,取 100 μL 合适梯度的稀释液于 TSA 平板进行涂布,37℃培养 24 h 后进行菌落计数,结果表示为 $\log_{10}$ CFU/g。PAW60 协同 PP 处理对菠菜表面 *E. coli* O157：H7 的失活效果见图 5-18。

图 5-18　PAW60 协同 PP 处理 30 min 对菠菜表面 *E. coli* O157：H7 的杀灭作用

由图 5-18 可知，附着在菠菜样品表面 *E. coli* O157：H7 的菌落数约为 7.07 $\log_{10}$ CFU/g。根据 Valentin-Bon 等人报道，袋装的新鲜菠菜中细菌总数为 4.0~8.3 $\log_{10}$ CFU/g。本研究中菠菜样品表面 *E. coli* O157：H7 菌落数与 Valentin-Bon 等人的研究报道相一致，表面接菌数量能够较好地反映菠菜细菌污染情况。经 SDW 洗涤 30 min 后，接种在菠菜表面的 *E. coli* O157：H7 减少至 5.59 $\log_{10}$ CFU/g；PAW60 和 PP(4 mmol/L) 协同处理 30 min 后，菠菜表面的 *E. coli* O157：H7 减少了 2.84 个对数，显著高于 PAW60(降低了 2.22 个对数) 和 4 mmol/L PP 溶液(降低了 2.44 个对数) 单独处理组。在今后的工作中应系统优化清洗步骤和清洗时间等工艺参数以提高 PAW 和 PP 对生鲜果蔬的协同杀菌效果。研究发现，经 UVA 和 PP 同时处理并进行漂洗处理后，菠菜叶片上的 PP 残留量降低到 109.96 ppm，远低于美国食品药品监督管理局(Food and Drug Administration, FDA)制定的食品中 PP 限量标准(1000 ppm)。但在今后的研究工作中，还应该关注尼泊金丙酯在生鲜农产品表面的残留问题。可通过优化清洗工艺参数等进一步降低尼泊金丙酯在生鲜果蔬中的残留量。

(2)PAW-尼泊金丙酯协同处理对菠菜洗涤废水中 *E. coli* O157：H7 的杀灭作用

采后清洗广泛用于新鲜农产品的净化。然而，清洗过程被视为一个高风险的交叉污染点，从而增加了疾病的风险。因此，在新鲜农产品清洗和消毒过程中，应采用适当的消毒策略，避免加工过程发生的微生物交叉污染。研究了 PAW-PP 协同处理对菠菜洗涤废水中 *E. coli* O157：H7 数量的影响。将样品置于 150 mL 的 SDW、PAW60、PP 溶液(4 mmol/L) 和 PAW60+PP(4 mmol/L) 中洗涤 30 min。采用平板计数法测定洗涤废水中 *E. coli* O157：H7 的菌落数，结果见图 5-19。

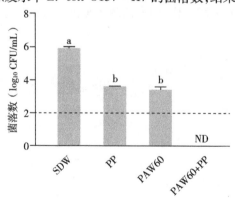

图 5-19　PAW60 协同 PP 处理 30 min 对洗涤废水中大肠杆菌 O157：H7 的杀灭作用

如图 5-19 所示,菠菜经 SDW 清洗 30 min 后,洗涤废水中 $E.\ coli$ O157:H7 的菌落数为 5.94 $\log_{10}$ CFU/mL。当 PAW60 或 PP(4 mmol/L)单独清洗 30 min 时,洗涤废水中 $E.\ coli$ O157:H7 分别下降至 3.43 $\log_{10}$ CFU/mL 和 3.61 $\log_{10}$ CFU/mL。然而,PAW60 和 PP(4 mmol/L)同时处理 30 min 后,洗涤废水中 $E.\ coli$ O157:H7 数量降低至检测限以下。以上结果表明,PAW 与 PP 协同处理可以有效降低洗涤废水中的细菌数量,在防止新鲜农产品洗涤过程中发生的微生物交叉污染方面具有很大的应用潜力。

5.4.2 PAW-尼泊金丙酯协同处理对菠菜色泽的影响

色泽是影响消费者对新鲜菠菜接受度的重要因素之一。采用 SC-80C 型全自动色差仪(北京康光光学仪器有限公司)测定菠菜样品洗涤处理前后色泽参数(L^*、a^* 和 b^*)。每组测定 8 片菠菜样品,且每个菠菜样品在 3 个不同的位置进行测定,同时按式(5-3)和式(5-4)计算色度(C^*)、色彩角(H^*)和总色差(ΔE)。

$$C^* = \left[(a^*)^2 + (b^*)^2 \right]^{1/2} \tag{5-3}$$

$$H^* = 180 + \arctan\frac{b^*}{a^*} \tag{5-4}$$

式中:L_0^*、a_0^* 和 b_0^* 为处理前菠菜样品的色泽参数;L^*、a^* 和 b^* 为同一样品样品处理后的色泽参数。

PAW-尼泊金丙酯协同处理前后菠菜色泽参数的变化见表 5-9。

表 5-9　PAW-尼泊金丙酯协同处理对菠菜色泽参数的影响

分组	L^*	a^*	b^*	C^*	H^*	ΔE
SDW	35.44±0.84[ab]	−3.12±0.81[a]	4.35±1.11[a]	5.42±1.05[a]	179.06±0.17[a]	0.53±0.09[a]
PAW60	36.14±0.91[a]	−3.28±0.66[a]	4.63±1.15[a]	5.91±1.07[a]	179.11±0.12[a]	0.53±0.03[a]
PP(4 mmol/L)	35.63±0.49[a]	−3.17±0.61[a]	4.32±0.53[a]	5.39±0.52[a]	179.06±0.11[a]	0.52±0.05[a]
PAW60+PP (4 mmol/L)	36.04±0.53[a]	−3.31±0.81[a]	4.20±0.78[a]	5.39±0.90[a]	179.09±0.12[a]	0.53±0.07[a]

注:结果表示为均值±标准差($n=8$),同列数据中上标相同字母表示无显著差异(LSD 法,$p>0.05$)。

如表 5-9 所示,PAW60、PP 溶液和 PAW60+PP 处理对菠菜叶片的 L^*、a^*、b^*、色度(C^*)、色彩角(H^*)和总色差(ΔE)均没有发生显著变化。上述结果与以往的研究结果一致。Ding 等研究发现,经 UVA 和 PP 溶液同时处理后,菠菜的 L^*、a^* 和 b^* 等色泽参数均未发生显著变化。

5.4.3　PAW-尼泊金丙酯协同处理对菠菜总叶绿素和可溶性固形物含量的影响

（1）PAW-尼泊金丙酯协同处理对菠菜总叶绿素含量的影响

叶绿素是植物体内含量最高并且能参与光合作用的色素,其降解引起的黄化现象使叶片新鲜度下降,其含量下降是植物衰老的重要指标。取 2.0 g 不同组〔SDW、PAW60、PP(4 mmol/L) 和 PAW60+PP(4 mmol/L)〕处理 30 min 后的样品,用 80%丙酮溶液研磨,提取两次并定容至 25 mL。测定样品在 645 nm 和 663 nm 处的吸光度,采用式(5-5)计算叶绿素总含量:

$$叶绿素总含量(mg/g) = \frac{(20.29 \times A_{645} + 8.05 \times A_{663}) \times V}{1000 \times W} \quad (5-5)$$

式中:A_{645} 为 645 nm 处的吸光度;A_{663} 为 663 nm 处的吸光度;V 为溶液的体积(mL);W 为样品的质量(g)。

如表 5-10 所示,PAW60 和 PP(4 mmol/L)单独处理或同时处理对菠菜叶片总叶绿素含量均无显著影响($p > 0.05$)。Ding 和 Tikekar 也发现 UVA 和 PP 溶液协同处理未对菠菜叶片叶绿素含量造成显著影响。

表 5-10　不同处理对菠菜总叶绿素和可溶性固形物含量的影响

分组	总叶绿素(mg/g FW)	TSS(°Brix)
SDW	2.12±0.02[a]	8.1±0.4[a]
PAW60	2.09±0.03[a]	8.1±0.4[a]
PP(4 mmol/L)	2.12±0.04[a]	8.1±0.3[a]
PAW60+PP(4 mmol/L)	2.09±0.03[a]	8.1±0.3[a]

注:结果表示为均值±标准差($n = 8$),同列数据中上标相同字母表示无显著差异(LSD 法,$p > 0.05$)。

（2）PAW-尼泊金丙酯协同处理对菠菜可溶性固形物含量的影响

总可溶性固形物(TSS)是衡量果蔬品质的一个重要指标。将不同组〔SDW、PAW60、PP(4 mmol/L) 和 PAW60+PP(4 mmol/L)〕处理 30 min 所得到的样品进行研磨,制备菠菜汁,两层纱布过滤,采用 PAL-1 型数显折光仪测定样品中的可溶性固形物含量。由表 5-10 可知,无菌去离子水处理组菠菜的 TSS 含量为(8.1±0.4)°Brix,而经 PAW 和 PP(4 mmol/L)单独或协同处理 30 min 后,菠菜中 TSS 含量未发生显著变化($p > 0.05$)。

5.4.4 PAW-尼泊金丙酯协同处理对菠菜总酚和 DPPH·清除能力的影响

菠菜富含多种植物化学物质,如酚酸、类胡萝卜素和类黄酮等。这些化合物具有多种生物活性,如抗氧化、抗炎、抗糖尿病和抗肥胖等特性。经不同处理后,将各组菠菜叶进行研磨,加入 8 mL 80%甲醇(v/v)并充分混匀,于 $4000 \times g$ 离心 5 min,收集上清,再用相同的溶液提取残渣 2 次;将所得滤液用 80%的甲醇定容至 25 mL,为菠菜提取液。采用福林酚法测定菠菜提取液中总酚含量,样品多酚含量结果表示为每克鲜重菠菜中所含没食子酸当量(mg GAE/g FW),同时测定菠菜提取液对 DPPH 自由基的清除能力,结果表示为每克鲜重菠菜中所含 trolox 当量(mg TE/g FW)。

由表 5-11 所示,经 SDW 洗涤 30 min 后,菠菜叶片的总酚含量为(1.59 ± 0.01)mg GAE/g FW,PAW60 和 PP(4 mmol/L)单独处理或协同处理均未对菠菜叶片总酚含量造成显著影响($p > 0.05$)。此外,PAW60 和 PP(4 mmol/L)单独处理或协同处理也未对菠菜提取物的 DPPH 自由基清除能力造成显著影响($p > 0.05$)。

表 5-11 不同处理对菠菜总酚和抗氧化活性的影响

分组	总酚(mg GAE/g FW)	DPPH·清除能力(mg TE/g FW)
SDW	1.59 ± 0.01^a	0.66 ± 0.01^a
PAW60	1.59 ± 0.01^a	0.66 ± 0.01^a
PP(4 mmol/L)	1.59 ± 0.04^a	0.65 ± 0.02^a
PAW60+PP(4 mmol/L)	1.58 ± 0.04^a	0.65 ± 0.02^a

注:结果表示为均值±标准差($n = 8$),同列数据中上标相同字母表示无显著差异(LSD 法,$p > 0.05$)。

5.4.5 结论与展望

以上研究结果表明,与 PAW 或尼泊金丙酯单独处理相比,PAW 协同尼泊金丙酯(终浓度为 4 mmol/L)能够显著杀灭接种于菠菜表面及残留在洗涤废水中的 *E. coli* O157∶H7;经 PAW-尼泊金丙酯(终浓度为 4 mmol/L)协同处理 30 min 后,菠菜表面 *E. coli* O157∶H7 降低了 $2.84 \log_{10}$ CFU/g,而洗涤废水中的 *E. coli* O157∶H7 则降低至检测限以下,显著低于无菌去离子水处理组($5.94 \log_{10}$ CFU/mL)。此外,经 PAW-尼泊金丙酯(终浓度为 4 mmol/L)协同处理 30 min 后,菠菜色泽、总叶绿素、可溶性固形物、总酚含量及抗氧化能力均未发生显著性变化。在今后的研究中,还应系统研究 PAW-尼泊金丙酯协同处理对生鲜果蔬贮藏过程中微生物和理化指标的影响。

参考文献

[1] ABUZAIRI T, POESPAWATI N R, PURNAMANINGSIH R W, et al. Preliminary study of plasma-treated water for germination stimulation of agricultural seeds[C]. 2017 15th International Conference on Quality in Research (QiR): International Symposium on Electrical and Computer Engineering, 2017: 128-131.

[2] NAUMOVA I K, MAKSIMOV A I, KHLYUSTOVA A V. Stimulation of the germinability of seeds and germ growth under treatment with plasma-activated water[J]. Surface Engineering and Applied Electrochemistry, 2011, 47(3): 263-265.

[3] ZHOU R W, LI J W, ZHOU R S, et al. Atmospheric-pressure plasma treated water for seed germination and seedling growth of mung bean and its sterilization effect on mung bean sprouts [J]. Innovative Food Science & Emerging Technologies, 2019, 53: 36-44.

[4] PORTO L C, ZIUZINA D, LOS A, et al. Plasma activated water and airborne ultrasound treatments for enhanced germination and growth of soybean [J]. Innovative Food Science & Emerging Technologies, 2018, 49: 13-19.

[5] ZHANG S, ROUSSEAU A, DUFOUR T. Promoting lentil germination and stem growth by plasma activated tap water, demineralized water and liquid fertilizer [J]. RSC Advances, 2017, 7(50):31244-31251.

[6] LIU Y G, YE N H, LIU R, et al. H_2O_2 mediates the regulation of ABA catabolism and GA biosynthesis in *Arabidopsis* seed dormancy and germination [J]. Journal of Experimental Botany, 2010, 61(11): 2979-2990.

[7] SIVACHANDIRAN L, KHACEF A. Enhanced seed germination and plant growth by atmospheric pressure cold air plasma: combined effect of seed and water treatment[J]. RSC Advances, 2017, 7(4): 1822-1832.

[8] MILDAZIENE V, PAUZAITE G, NAUCIENĖ Z, et al. Pre-sowing seed treatment with cold plasma and electromagnetic field increases secondary metabolite content in purple coneflower (*Echinacea purpurea*) leaves[J]. Plasma Processes

and Polymers, 2018, 15(2): 1700059.

[9] MICHALAK A. Phenolic compounds and their antioxidant activity in plants growing under heavy metal stress[J]. Polish Journal of Environmental Studies, 2006, 15(4): 523-530.

[10] TANG D Y, DONG Y M, REN H K, et al. A review of phytochemistry, metabolite changes, and medicinal uses of the common food mung bean and its sprouts (*Vigna radiata*)[J]. Chemistry Central Journal, 2014, 8(1): 4.

[11] YANG Y S, MEIER F, ANN LO J, et al. Overview of recent events in the microbiological safety of sprouts and new intervention technologies [J]. Comprehensive Reviews in Food Science and Food Safety, 2013, 12(3): 265-280.

[12] ROBERTSON L J, JOHANNESSEN G S, GJERDE B K, et al. Microbiological analysis of seed sprouts in Norway [J]. International Journal of Food Microbiology, 2002, 75(1): 119-126.

[13] TAORMINA P J, BEUCHAT L R, SLUTSKER L. Infections associated with eating seed sprouts: An international concern[J]. Emerging Infectious Disease journal, 1999, 5(5): 626-634.

[14] DECHET A M, HERMAN K M, PARKER C C, et al. Outbreaks caused by sprouts, United States, 1998-2010: Lessons learned and solutions needed[J]. Foodborne Pathogens and Disease, 2014, 11(8): 635-644.

[15] MA R N, WANG G M, TIAN Y, et al. Non-thermal plasma-activated water inactivation of food-borne pathogen on fresh produce[J]. Journal of Hazardous Materials, 2015, 300: 643-651.

[16] GUO J, HUANG K, WANG X, et al. Inactivation of yeast on grapes by plasma-activated water and its effects on quality attributes [J]. Journal of Food Protection, 2017, 80(2): 225-230.

[17] XU Y Y, TIAN Y, MA R N, et al. Effect of plasma activated water on the postharvest quality of button mushrooms, *Agaricus bisporus* [J]. Food Chemistry, 2016, 197: 436-444.

[18] HIBBING M E, FUQUA C, PARSEK M R, et al. Bacterial competition: surviving and thriving in the microbial jungle [J]. Nature Reviews Microbiology, 2010, 8: 15-25.

[19] MOLINOS A C, ABRIOUEL H, OMAR B N, et al. Microbial diversity changes in soybean sprouts treated with enterocin AS−48[J]. Food Microbiology, 2009, 26(8): 922−926.

[20] HERIANTO S, HOU C Y, LIN C M, et al. Nonthermal plasma−activated water: A comprehensive review of this new tool for enhanced food safety and quality[J]. Comprehensive Reviews in Food Science and Food Safety, 2021, 20(1): 583−626.

[21] KAMGANG−YOUBI G, HERRY J M, MEYLHEUC T, et al. Microbial inactivation using plasma−activated water obtained by gliding electric discharges [J]. Letters in Applied Microbiology, 2009, 48(1): 13−18.

[22] CHOI E J, PARK H W, KIM S B, et al. Sequential application of plasma activated water and mild heating improves microbiological quality of ready−to−use shredded salted kimchi cabbage (*Brassica pekinensis*)[J]. Food Control, 2019, 98: 501−509.

[23] ZHENG Y, WU S, DANG J, et al. Reduction of phoxim pesticide residues from grapes by atmospheric pressure non−thermal air plasma activated water[J]. Journal of Hazardous Materials, 2019, 377: 98−105.

[24] MA R N, YU S, TIAN Y, et al. Effect of non−thermal plasma−activated water on fruit decay and quality in postharvest Chinese bayberries[J]. Food and Bioprocess Technology, 2016, 9(11): 1825−1834.

[25] 袁园, 黄明明, 魏巧云, 等. 等离子体活化水对鲜切生菜杀菌效能及贮藏品质影响[J]. 食品工业科技, 2020, 41(21): 281−285+292.

[26] SONI M G, BURDOCK G A, TAYLOR S L, et al. Safety assessment of propyl paraben: A review of the published literature [J]. Food and Chemical Toxicology, 2001, 39(6): 513−32.

[27] WEI F, MORTIMER M, CHENG H F, et al. Parabens as chemicals of emerging concern in the environment and humans: A review[J]. Science of The Total Environment, 2021, 778: 146150. Doi: 10. 1016/j. scitotenv. 2021. 146150.

[28] VALENTIN−BON I, JACOBSON A, MONDAY S R, et al. Microbiological quality of bagged cut spinach and lettuce mixes[J]. Applied and Environmental Microbiology, 2008, 74(4): 1240−1242.

[29] DING Q, TIKEKAR R V. The synergistic antimicrobial effect of a simultaneous UV−A light and propyl paraben (4−hydroxybenzoic acid propyl ester) treatment and its application in washing spinach leaves [J]. Journal of Food Process Engineering, 2021, 43(1): 13062. Doi: 10. 1111/jfpe. 13062.

[30] ZHANG X T, ZHANG M, DEVAHASTIN S, et al. Effect of combined ultrasonication and modified atmosphere packaging on storage quality of pakchoi (*Brassica chinensis* L.) [J]. Food and Bioprocess Technology, 2019, 12(9): 1573−1583.